智慧熊
SMART BEAR

阅读强 | 少年强 | 中国强

专家审定委员会

励志版丛书的六个关键词

温儒敏老师曾指出："少读书、不读书就是当下'语文病'的主要症状，同时又是语文教学效果始终低下的病根。"基于这一现状，励志版丛书在激发中小学生读书兴趣、培养其良好的阅读习惯的同时，旨在通过对经典名著的价值解读，培养学生一生受用的品质。

第一个关键词：权威版本——阅读专家主编、审定的口碑版本
励志版丛书由朱永新老师主编，另有十余个省市自治区的教研员组成的专家审定委员会，对该丛书进行整体审定。采用口碑版本，权威作者、译者、编者，确保每本书的经典性和耐读性。

第二个关键词：兴趣培养——激发阅读兴趣的无障碍阅读
励志版丛书根据权威工具书对书中较难理解的字词、典故及其他知识进行了无障碍注解。此外，全品系的精美插图，配以言简意赅的文字，达到"图说名著"的生动效果，使学生由此爱上阅读。

第三个关键词：高效阅读——名师指导如何阅读经典
励志版丛书的每一本名著都由一位名师进行专门解读，同时就"这本书""这类书"该怎么读提供具体的阅读策略和方法指导。让读书有章可循，有"法"可依。让学生通过精读、略读、猜读、跳读等多种阅读方法，快速完成优质高效的阅读，会读书、读透书。

第四个关键词：阅读监测——国际先进的阅读理念
读一本书的过程就是让这本书与自己的生命发生关系的过程。当我们开始阅读一本书时，就是与这本书、与自己，达成某种隐形的"契约"。为此，我们在书里特别设计了阅读监测栏目，让学生实现自我鞭策和监督。

第五个关键词：价值阅读——品格涵养价值人生
通过有价值的阅读培养学生诚信、坚忍、专注、勇敢、担当、善良等一生受用的品质，契合教育部最新倡导的"读书养性"的理念。

第六个关键词：经典书目——涵盖适合学生阅读的三大书系
涵盖适合学生阅读的三大书系——新课标、部编教材、中小学生阅读指导书目，充分体现了"每一本名著都是最好的教科书"的理念。

简言之，我们殚精竭虑，注重每一个细节。因为，一个人物，拥有一段经历；一段故事，反映一个道理；一本好书，可以励志一生。让名著发挥它人生成长导师的基本功能吧！

励志版丛书编委会

中小学生
阅读指导丛书
彩插励志版

朱永新◎总主编　闻　钟◎总策划

森林报·春

〔苏联〕维·比安基◎著　沈念驹　姚锦镕◎译

商务印书馆
创于1897　The Commercial Press

图书在版编目（CIP）数据

森林报. 春 /（苏）维·比安基著；沈念驹，姚锦
镕译. —北京：商务印书馆，2021
（中小学生阅读指导丛书：彩插励志版）
ISBN 978-7-100-19349-8

Ⅰ.①森… Ⅱ.①维… ②沈… ③姚… Ⅲ.①森林—
青少年读物 Ⅳ.① S7-49

中国版本图书馆 CIP 数据核字（2021）第 005974 号

森林报·春

〔苏联〕维·比安基 著 沈念驹 姚锦镕 译

插图绘制：杨 璐

商 务 印 书 馆 出 版
（北京王府井大街36号 邮政编码100710）
商 务 印 书 馆 发 行
三河市东兴印刷有限公司印刷
ISBN 978-7-100-19349-8

2021年1月第1版 开本710×1000 1/16
2021年1月第1次印刷 印张12.5 彩插16
定价：21.80元

为青少年创造有价值的阅读

（代总序）

·

　　读过经典和没有读过经典的青少年，其人生是不一样的。朱永新先生曾言："一个人的精神发育史就是他的阅读史。"那么，什么样的书才是经典？正如卡尔维诺所言："经典是那些你经常听人家说'我正在重读……'而不是'我正在读……'的书。"

　　阅读的重要性，毋庸赘言。而学会阅读，则是青少年成长所需的重要能力。那么，如何学会阅读？如何阅读经典？什么才是有价值的阅读？

　　"多读书，好读书，读好书，读整本的书"，这一理念已经得到众多老师和家长的认可。阅读的方法有很多种，除了精读，还有略读、跳读、猜读、群读等，这些方法都是有用的，本套丛书也给出了具体方法。我想强调的是，为青少年创造有价值的阅读，才是本套丛书的核心要点。我们一直力图在青少年"如何读名著"上取得突破，让学生在阅读中有更多的获得感。

　　我们主要从以下五个方面发力：

　　一、精选书单：涵盖适合学生阅读的书目

　　为了让学生读好书、读优质的书，我们精选书单，历年中小学语文教材推荐书目和《教育部基础教育课程教材发展中心 中小学生阅读指导目录》，都是本套丛书甄选的范畴。

　　二、强调原典：给学生提供最好的阅读版本

　　原典，即初始的经典版本。为了给学生寻找最好的版本，呈现原汁原味的文学经典，本套丛书的编辑们，以臻于至善的工匠精神，在众多的版本中进行对比甄选、版权联络，如国外经典名著译本均为著名翻译家所译，为青少年的阅读提供品质保障。

三、关注成长：注重培养学生的优秀品格

通过阅读培养青少年的品格，是本套丛书的核心理念。每一本书的主题及重要情节，都旨在培养学生的品格与素养，如诚信、坚忍、专注、勇敢、博爱、担当、善良等。为此，我们在每本书中设置了"如何进行价值阅读"等栏目，目的便是使学生形成受益一生的品质、品格。

四、注重方法：让阅读真正能够深入浅出

经典难读、难懂，学生难以形成持续阅读的习惯，针对这一现象，编辑们对本套丛书的体例进行了研发与创新。他们根据每本书的特点，从阅读指导、体例设计、栏目编写等方面，有针对性地将精读与略读相结合，对不同体裁的作品，推荐不同的阅读方法，让阅读真正能够深入浅出，让学生在阅读中有获得感，体会到读书的乐趣，最终养成持续阅读的习惯。

五、智慧读书：融合国际先进的阅读理念

为什么以色列的孩子和美国学生的创新能力都比较突出？这与他们先进的阅读理念是密切相关的。为此，我们引入了"科学素养阅读体系"。在阅读前，设置"阅读耐力记录表"；在阅读后，设置"阅读思考记录表"。这样能够实时记录阅读进度和成果，从而帮助学生养成总结、记录、思考的良好阅读习惯。

21 世纪最重要的能力之一是学会阅读。让学生学有所成，一个重要的前提就是让阅读成为习惯。当你的孩子学会了阅读、爱上了阅读，他便学会了如何与这个世界相处，他将获得源源不竭的成长动力，终身受益。

以阅读关注青少年的成长，是我们始终不变的初衷；让"开卷"真正"有益"，是我们始终探寻的方向；为青少年创造有价值的阅读，是我们的终极梦想。想必这也是学生、家长和老师一直喜爱我们的书的原因吧！

2020 年 6 月

于北京北郊莽苍苍斋

名师导读

我们中的大多数人要么生活在高楼耸立、车水马龙的城市，要么生活在炊烟袅袅、遍地田野的乡村，所以很少有机会看到葱绿的森林，更别提接触到生活在森林中的动植物们了。大家一定都很憧憬美丽而神秘的森林世界，想知道生活在森林深处的动植物每天在上演着什么样的故事吧，《森林报》就是这样一部讲述森林居民故事的有趣作品。

《森林报》是苏联著名科普作家维塔里·瓦连季诺维奇·比安基（以下称维·比安基）（1894—1959）的代表作。作为一部描写大自然的经典儿童科普读物，它采用新闻报道的形式，将春、夏、秋、冬所发生在森林里的逸闻趣事和精彩瞬间尽数展示，堪称大自然四季变化的百科全书。

维·比安基之所以能写出这样一本令人赞叹的书，首先是兴趣使然，他对大自然的执着热爱和细心观察最终成就了这场森林冒险，另外，父亲对他的影响也功不可没。维·比安基的父亲是一位自然科学家，这让维·比安基在很小的时候就有机会接触自然，结识"新友"。这些"新友"后来成了他作品中的主角，向读者展示着它们不为人知的一面。

维·比安基热爱自然，喜欢和小动物打交道，这使得他的写作视角广阔且真实。他曾说："只有熟悉大自然的人，才会热爱大自然。"这句话也成了他一生的写作宗旨。他就像是森林的眼睛，将自己的奇遇毫无保留地分享给了读者。成年后的维·比安基开始在乌拉尔山脉和阿尔泰山脉一带旅行，走过一片又一片森林，记录了一个又一个见闻。《森林报》就是这样被孕育出来的，他用自己的方式，让这些美好、奇妙的生灵活在了自己的文字之中，而这些文字也让他赢得了"发现森林第一人""森林哑语翻译者"的美誉。

《森林报》是以月报的形式进行编排的，每月1期，共12期，本书——《森林报·春》就是其中的前3期。在《森林报·春》中，维·比安基以独特的视角、用拟人化的语言及充满童趣的口吻，向我们讲述了春天森林里动植物的故事。春天，是一个美丽的季节，这个时候，花儿开始努力绽放，小鸟也踏上了回乡的旅途，树木经过春风的洗礼也露出一丝丝绿意……维·比安基用生动的文字把春天森林里发生的一切都传达给了我们，让我们对神秘的森林有了更加深刻的认识。除此之外，他还告诉我们应该怎样去观察、探究大自然，让我们可以更加亲近大自然、了解大自然、热爱大自然。

《森林报·春》包含了三部分内容，分别是春一月、春二月和春三月，每个部分都设有"林间纪事""都市新闻""农庄纪事""狩猎纪事"等章节。根据该书的内容编排和难易程度，建议用10天的时间，完成整本书的阅读及相关活动，具体的阅读规划可以参照下表。

阅读阶段	阅读内容	阅读规划
第一阶段 （3天）	苏醒月 （春一月）	1. 重点阅读"林间纪事"一章 2. 将描述篇幅较多的动植物圈点出来
第二阶段 （4天）	候鸟回乡月 （春二月）	1. 仔细品读"林间战事"一章 2. 着重观察春一月圈点的动植物在这个月发生的变化
第三阶段 （3天）	歌唱舞蹈月 （春三月）	1. 回顾春二月"林间战事"和"哥伦布俱乐部"的内容，形成连续阅读 2. 重点观察动物们在春三月的变化

阅读本书之前，我们首先要了解，本书的四季划分采用的是天文划分法，即根据昼夜长短和太阳高度划分四季。春一月指的是3月21日至4月20日，春二月指的是4月21日至5月20日，春三月指的是5月21日至6月20日。另外，作者在描写动植物时，还经常运用拟人的

修辞手法，生动形象地将动植物的特征描述出来。在阅读过程中，我们可以将看到的精彩片段摘抄下来，运用到自己的写作之中，并尝试用这种方法进行仿写，描述我们在生活中接触过的小动物。我们还可以用圈点和批注的方法做读书笔记，将不同月份森林里不同动植物的生活习性及它们的特征标记出来。比如，春一月刚刚出生的小兔子长什么样子，它们是如何生存的，到了春二月，这些小兔子又长成了什么样子，在它们身上发生了什么样的故事，这些我们都可以仔细记录下来。此外，森林中的动植物身上每天都会发生很多新奇的趣事：鹞（yào）鹰一鼓作气冲出了白嘴鸦的"包围圈"；雄琴鸡为了在雌琴鸡面前展示自己的勇气和力量，奋力一搏；松鼠跳上原木摆脱了狗的追捕……读完这些故事，我们需要仔细体会动植物身上体现出的精神，发挥自己的想象力，写一个有关你所感兴趣的动植物的故事。最后，阅读完全书之后，根据我们做的读书笔记，可以用表格（如下）的形式做观察日记，记录动植物在不同时间的变化。

观察对象	观察时间	形态特征	吃食情况
小兔儿	苏醒月（春一月）	一出娘胎就睁开眼睛，身上穿着暖和的小皮袄	在灌木丛里和草墩下面等待喂奶，过八九天后，开始吃草

此外，在阅读过程中，也请在阅读耐力记录表上做相应的记录，按照计划完成整本书的阅读。相信按照这样的阅读方式，我们终会阅有所得。一年之计在于春，现在，就让我们开启这趟奇妙的春天森林之旅吧！

阅读耐力记录表

请诚实记录你的每日阅读时长，养成阅读好习惯

本书阅读统计

开始时间：____年__月__日

结束时间：____年__月__日

最喜欢的月份：

最喜欢的动物：

最难忘的故事：

表格说明

　　该表格横轴是日期，竖轴是每天不间断的阅读时间，不可以一会儿读书一会儿去做其他事情。记录的时候每天在相应的格子里画个圈。读完本书之后，就可以把所有的圈连起来，形成一条曲线，仔细观察这条曲线，看看自己的阅读耐力是否有所增强。

	第1天	第2天	第3天	第4天	第5天	第6天	第7天	第8天	第9天	第10天
60分钟										
55分钟										
50分钟										
45分钟										
40分钟										
35分钟										
30分钟										
25分钟										
20分钟										
15分钟										
10分钟										
5分钟										

　　森林里惊心动魄的雪崩开始了。松鼠的窝就搭在一株高大云杉的枝杈上，这时候它正在自己暖暖和和的窝里睡大觉。猛然间，一团沉甸甸的雪从树梢头落了下来，径直砸中它的窝顶。

　　突然间，地上的积雪被什么东西拱了起来，露出一只野兽的大脑袋。钻出来的是只母熊。随后出来的是两只熊崽。我们看见母熊张开大口，畅畅快快打了个哈欠后，便往林子里去了。

　　黄花柳的花儿开得正旺。它满树满枝全是小巧而亮晶晶的黄色小球。瞧，一只长吻蛱蝶落在毛茸茸的小黄球上，它那深色的翅膀把小黄球完全遮盖起来。它伸出长长的吻管，深深地插到雄蕊间，美滋滋地吮吸花蜜。

　　有时候看得见寒鸦和椋（liáng）鸟怪模怪样地骑在马背和牛背上。奶牛往前走着，这些小小的有翅骑士却用喙啄它的背，笃笃声一再响起。奶牛原可像赶苍蝇那样用尾巴把它们赶走，但它没有这样做，而是忍耐下来。

图 说

　　鹤聚成一个圆圈后，便有一只或一双来到场地中央，翩翩起舞。开始时倒不怎么样，不过是长腿儿在蹦高。接着可就来劲儿了：它们迈开大步，连蹿带跳，花样百出，笑死人了！转圈圈，蹦蹦跳，打矮步，简直在跳特列帕克舞。

一个夏天的晚上，一只蝙蝠从敞开的窗子里飞了进来。"赶走它，赶走它！"小女孩儿急急忙忙用头巾包住自己的头，嚷嚷道。可秃头的老爷爷唠唠叨叨说："它扑的是光，干吗往你的头发里钻？"

如何进行价值阅读

——《森林报·春》一书以文中的小故事为例进行解读

故事简介

　　最是一年春好处，在这个充满期待的季节里，森林里发生了许多有趣的小故事。在这些小故事中，各种各样的角色都展现着自己的魅力：有的正想方设法冲出敌人的"包围圈"，有的正历经千难万险飞回故乡，有的正花尽心思保护受伤的小动物……故事主角身上所体现出来的品质都值得我们称赞和学习。

价值解读

1. 关于勇敢

　　一只鹞鹰落在了一棵树上，正在休息。突然间不知道从什么地方冒出来一大群白嘴鸦，它们一齐扑向了鹞鹰，把鹞鹰包围了起来。鹞鹰身处险境且孤立无援，但它并没有退缩。只见它发出尖叫声，向其中一只白嘴鸦反扑过去，对方吓得躲开了，鹞鹰趁机径直飞了出去，敏捷地冲上云端，冲出了白嘴鸦的"包围圈"。

　　鹞鹰在面对白嘴鸦的围攻时，没有后退，而是勇敢地出击，最终转危为安。生活中，我们有时也会像鹞鹰一样，陷入困境。有的人自暴自弃，有的人却选择勇敢地直面困难，而往往只有后者才会见到风雨过后的彩虹。

2. 关于坚持

春回大地，候鸟开始回乡。途中，它们会遭到浓雾的阻挡，陷入湿气浓厚的迷魂阵中，分不清天南地北。在这种情况下，候鸟甚至可能会毫无防备地撞到悬崖峭壁上。但任何困难都无法阻挡这群密密麻麻的"漂泊者"前进的脚步。

 在迁徙的途中，尽管会遇到各种各样的困难，但候鸟仍然选择坚持下去，穿过迷雾，用尽全身力气飞回家乡。黎明前总会经历一段黑暗的时光，处在黑夜中的我们会遇到各种各样无法预知的事情。但无论怎样，我们一定要相信坚持的人不会被辜负，坚持下去，我们总会迎来黎明的曙光。

3. 关于善良

伏洛佳·贝科看到白腹鹟（wēng）和麻雀飞进窝中决斗，麻雀飞出来了，却不见白腹鹟出来。伏洛佳·贝科查看后发现白腹鹟还活着，担心它再遭遇不测，便把它带回了家，用苍蝇喂它，温柔地帮它处理伤口，晚上又把它放回了鸟窝。

 这种保护小动物的举动体现出了伏洛佳·贝科的善良。善良是一种美德，也是一种修养。雨果说"善良的心就是太阳"，的确，善良不仅能照亮他人，还能照亮自己。保持善良，不仅能驱散阴霾，还能给身边的人带去温暖。

译　序

本书作者维·比安基是苏联著名儿童文学作家，1894年2月11日生于列宁格勒（原名圣彼得堡或彼得堡，1924—1991年改称"列宁格勒"。1991年恢复原名"圣彼得堡"。本书问世于1928年，故称"列宁格勒"）一个生物学家的家庭。他从小受家庭的熏陶，对大自然产生了浓厚的兴趣，有探索其奥秘的强烈愿望。后来他报考并升入列宁格勒大学物理数学系，学习自然专业，与家庭的影响密不可分。他在科学考察、旅行、狩猎及与护林员、老猎人的交往中留心观察和研究自然界的各种生物，积累了丰富的素材，为以后的文学创作打下了坚实的基础，也使他笔下的生灵栩栩如生，形象逼真动人。1928年问世的《森林报》是他正式走上文学创作道路的标志。1959年6月10日维·比安基在列宁格勒逝世，享年65岁。除了《森林报》，他还有作品集《森林中的真事和传说》（1957年）、《中短篇小说集》（1959年）、《短篇小说和童话集》（1960年）。

维·比安基的创作以小读者为对象，旨在以生动的故事和写实的叙述向少年儿童传授科学知识，激发其探索大自然奥秘的兴趣并培养他们热爱大自然、关注并保护生态环境的意识。《森林报》问世于1928年（此说据1962年俄文版《简明文学百科全书》，与本书《致读者》所说1927年不符，立此存照），在此后的几十年里一再重版（至1961年已出到第十版），受到读者欢迎，究其原因，就是它以独特的视角和独特的表现手法所宣扬的"人与自然和谐相处"的主题，具有恒久不衰的生命力。如果说作家在中短篇小说中描写的主要是动物故事及与动物相关的人的故事，那么《森林报》则向读者全面展示了自然界的大千世界，举凡天地水陆所有的生灵都有涉及。不仅如此，他还对当时苏联全国各地山川形胜和自然环境有生动的描述，使小读者在轻松愉快、饶有趣味的阅读中潜移默化地对祖国产生情感。

《森林报》的俄文原名直译应是《森林年报》，由于在我国20世纪五六十年代该书已以《森林报》的译名流传，故本书仍沿用这个译名。俄文原版在每一新版问世时都对上一版有所修订，内容或增或减，但基本栏目保持不变，所增减者主要限于原栏目内的篇目，当然也新增个别栏目。如此看来谓其"年报"自有道理。从目前我国新出版的几个不同版本的中译本来看，由于所据原著版本有别，中译本的内容也小有不同。当时序进入21世纪，经济的发展、科技的进步使人类对大自然过度的索取受到大自然越来越强烈的报复时，"人与自然和谐相处"的命题从来没有像今天这样严峻地摆在作为万物灵长的人类面前。希望《森林报》的又一个中译本的问世，能对中国的未来一代早早树立起热爱自然、关注环境的理念产生有益的影响。

除了《森林报》，本书还收录了维·比安基的14篇描写动物的中短篇小说。如果说《森林报》通过对森林中大千世界的描述表现"人与自然和谐相处"的主题，让小读者在饶有兴味的阅读中汲取生物学、物候学、自然地理等领域的大量知识，那么本书收录的14篇动物故事则主要通过艺术形象来表现同一主题。与一般枯燥乏味的说教不同，作者要表现的主题都深藏在他塑造的艺术形象和构建的动人情节中。吸引读者的首先是扣人心弦的情节和一个个令人动容的栩栩如生的艺术形象，无论善恶，一概通过鲜活的艺术形象层层展示。这正是维·比安基动物小说的成功之处和历久不衰的原因所在。

20世纪50年代初，国内出现了俄语热和苏联文化热、科技热。后来，随着国内学英语和其他语种的人越来越多，俄语逐渐成为学校教学中的小语种学科，同时西方文化和科技的大量涌入，使原先热门的俄语和对俄罗斯文化的介绍比重自然下降。如今，从五六十年代过来的人所熟悉的有关俄罗斯的东西，年青一代就比较陌生了，幼小的一代更生疏。因此，在本书译文中有必要对有些关涉俄罗斯文化而当今青少年可能感到陌生的东西有所交代，这就是译者在译本中加了许多注的原因。译者希望自己的善意并非多此一举。俄文原著中也有极少的注释，译者在翻译时如觉得有必要向中国读者交待，就据实译出，并注明"原书作者注"字样。但凡译者自己的注释，则不再说明。本书的翻译系由两人合作完成。其中《森林报》的第一至第六期由姚锦镕翻译，第七至第十二期与每期末尾的竞赛题配套的答案由沈念驹翻译。

　　本书涉及动植物的知识相当广博，以译者的浅陋，在翻译过程中遇到的困难是很多的，有时可能超过文学经典翻译中所遇的困难，需要查阅许多工具书和资料。即使这样，仍然可能会出现译者力所不逮的问题。对此，谨祈同行和方家批评指正。

沈念驹

目录

目录

目录

目录

目录

献给我的父亲
瓦连京·利沃维奇·比安基

致读者

　　一般的报纸刊登的只是关于人，以及与人有关的事的报道。可小朋友们也很想了解飞禽走兽和昆虫的生活呀。

　　森林里发生的事不比城市里少。在森林里也要工作，也过欢乐的节日，也会遇到悲惨的事件。森林里也有英雄好汉和盗贼匪徒。可是，城市里的报纸很少报道这些情况，所以森林里的事并非人人都了解。

　　比如说吧，哪个听说过，在我们列宁格勒州，严冬里，从泥土里会钻出还没长翅膀的小蚊虫，光着脚丫子在雪地上东窜西跑？你在哪张报上看到过林中巨人——驼鹿斗殴，看到过候鸟大搬家和长脚秧鸡（沼泽鸟类）凭着双腿徒步走过整个欧洲这些令人发笑的消息？

　　可这些趣闻，在《森林报》上都能读到。

　　我们把12期的《森林报》（每月一期）合编成一部书。每一期《森林报》都刊有编辑部的文章、我们驻林地记者的电报和信件，此外还登载有关狩猎的故事。

　　我们驻林地记者都是些什么人呢？他们是小朋友，是猎人，是科学家，是林业工作者，他们全是常到森林里去、对飞禽走兽和昆虫的生活感兴趣的人，他们把森林里发生的形形色色的事件记录下来，寄给我们编辑部。

　　早在1927年，《森林报》就结集成册出版发行了。此后，重版了8次，每次都增加了新的栏目。

　　我们派过一位特派记者，去采访一位鼎鼎大名的猎人——塞索伊·塞索伊奇。他俩一起打猎，常常在篝（gōu）火旁休息，这时候，塞索伊·塞索伊奇给记者讲述自己的历险故事。我们的特派记者把他讲的故事记录下来，寄给我们编辑部。

每期《森林报》都附有一种答题游戏，我们管它叫"射靶"，读者可以比赛，看谁答得最正确，哪个看《森林报》仔细，哪个就能轻轻松松回答出大部分问题。每"射中"一个目标，就可得两分。

我们建议本报的读者组成一个个小组，大声念出问题，把自己的答案写在各自的纸条上。其中有许多像"长脚秧鸡有多高"这样的问题，最好不要张嘴就答，可以按规定期限，过几天再答也不迟。在这段时间内，你可以上草地走走，仔细观察秧鸡，看看它到底长什么样。

《森林报》诞生在列宁格勒，是在那里出版的，所以是一种地方性报纸，所报道的事件，差不多都发生在列宁格勒州内，要不就在列宁格勒市内。

可是，咱们的国家是那么辽阔：在北方边境上，暴风雪还在肆虐，把人血管里的血都冻凉了，可在南方边陲，热辣辣的太阳已普照大地，百花盛开；西部边区的孩子们刚躺下睡觉，而东部边区的孩子们已经睡足正起床哩。所以《森林报》的读者不但希望从《森林报》上了解列宁格勒州内的事，而且还想知道全国各地发生的事件。为了满足读者的要求，我们在《森林报》上开辟了本报记者发自苏联各地的一个栏目，叫"天南地北"。

我们转载了许多塔斯社有关小朋友们的工作和成就的报道。

我们开辟了一个叫"公告"的栏目，通过这个栏目，在我们的读者中征聘优秀的、跟踪能力强的"火眼金睛"。

我们还邀请生物学博士、植物学家、作家尼娜·米哈伊洛芙娜·帕甫洛娃给我们《森林报》撰（zhuàn）稿，讲讲我国那些有趣的动植物。

我们的读者应该了解自然界的生活，这样才能更好地改造自然，与大自然和谐相处。我们《森林报》的读者长大之后，就能亲手培育出惊人的植物新品种，管理森林生活，为国家造福。

但是，首先要热爱并熟悉祖国的土地，了解大地上的动植物和它们的生活习性，这样才不会弄巧成拙，造成不可弥补的损失。

在经过又一次审订和增补的新版——第九版的《森林报》中，我们刊出了"一年——分作12个月谱写的太阳诗章"一节，采用了生物学博士 H. M. 帕甫洛娃的大量报道，丰富了"农庄纪事"栏目的内容。我们还刊载了本报战地记者从林中巨兽的搏斗现场发来的消息，为垂钓爱好者开辟了"祝钓钓成功！"一栏。此外，我们从年轻的作者基塔·维里坎诺夫的4篇小说中选登了一种新游戏，其答案刊登在书末。在本报每期最后，为少年读者报道有关本报编辑部附属的少年自然界研究者小组——哥伦布俱乐部惊人的发现和历险。

本报首位驻林地记者

早年，列宁格勒人和林区居民经常在公园里遇见一位白发苍苍的教授，他戴着眼镜，目光专注，仔细听着小鸟的声声鸣叫，细心观察每一只从身边飞过的蝴蝶和苍蝇，留意春天每一只新孵（fū）化出来的雏鸟。春天出现的每个新景象都逃不过他的眼睛。

这位教授就是德米特里·尼基福罗维奇·卡依戈罗多夫。一连半个世纪，他都坚持观察我们这个城市和近郊生机盎（àng）然的自然界。在整整50年的时间里，他目睹春、夏、秋、冬先后交替，反复轮回。他一丝不苟地把自己观察到的结果及时间一一记录下来，并在报纸上发表。他也呼吁别人，特别是年轻人，观察大自然，把结果记录下来，寄给他。许多人都响应了他的号召。他率领的观察大军人数与日俱增。

直到现在，许多热爱大自然的人——我国的地方志学家、学者和学生们，仍以德米特里·尼基福罗维奇为榜样，继续从事观察和收集工作。德米特里·尼基福罗维奇在50年间积累了大量的观察成果。他把这些资料汇集在一起。多亏他坚持不懈的细致工作，加上许多不知名的科学家的努力，我们才知道，春天里飞来的是什么鸟儿，它们什么时候飞来，秋天，它们什么时候飞走。我们还了解到树木花草的生长情况。德米特里·尼基福罗维奇为孩子和成年人写了许许多多有关鸟类、森林和田野的书。他自己一度在学校里教书，他一直认为，孩子们研究大自然，不该仅凭书本，还要到森林和田野里多走走。

德米特里·尼基福罗维奇多年重病在身，于1924年2月11日，来不及迎来春天，就与世长辞了。

我们永远不会忘记他。

森林年

　　我们的读者也许会误以为，刊登在《森林报》上的森林和都市新闻说的都是些陈年旧事。事实并非如此。不错，年年都有春天。可每年的春天都是新的，不管你能活上多少年，看到的都是完全不一样的春天。

　　一年就好比是个有12根辐条的车轮，每根辐条就像是一个月，12根辐条全滚过去，车轮就滚了一大圈，接着，又该轮到第一根辐条转了，可是，这时候轮子已不在原来的地方，已经前进了好一段距离了。

　　又一个春天来了，森林苏醒，熊从洞穴爬了出来，春水淹没了地下居民的洞穴，鸟儿飞来了，开始嬉戏舞蹈，野兽也开始生男育女。于是读者又在《森林报》上读到了最新鲜的林中新闻。

　　我们在这里刊载了每年的森林年历。森林年历与通常的年历截然不同，不过这也没什么大惊小怪的。要知道，每种动物，尤其是鸟类，跟我们人类的生活方式不一样，它们自然有自己独特的历法，因为森林里的动植物都依照太阳的运转过日子。

　　太阳在天上转了一个大圈，那就是一年。太阳走过一个星座，也就是黄道的一个宫，便是一个月。所谓的黄道带就是十二宫的总称。

　　森林年历里的元旦，不在冬季，而是在春季，这时候的太阳正进入白羊宫。森林里迎来太阳的日子，始终是一片喜气洋洋的节日气氛，而送走太阳的时候，就变得愁云惨淡了。

　　我们也按照普通的历法，把森林年历的一年分成了12个月，不过我们按森林里的情况，给每个月取了不一样的名字。

森 林 年 历 *Senlin Nianli*

1月

苏醒月（春一月）

3月21日至4月20日

2月

候鸟回乡月（春二月）

4月21日至5月20日

3月

歌唱舞蹈月（春三月）

5月21日至6月20日

4月

筑巢月（夏一月）

6月21日至7月20日

5月

育雏月（夏二月）

7月21日至8月20日

6月

成群月（夏三月）

8月21日至9月20日

7月

候鸟辞乡月（秋一月）

9月21日至10月20日

8月

仓满粮足月（秋二月）

10月21日至11月20日

9月

冬季客至月（秋三月）

11月21日至12月20日

10月

小道初白月（冬一月）

12月21日至1月20日

11月

忍饥挨饿月（冬二月）

1月21日至2月20日

12月

熬待春归月（冬三月）

2月21日至3月20日

苏醒月

（春一月）

3 月 21 日至 4 月 20 日　　太阳进入白羊座

一年——分12个月谱写的太阳诗章

新年好!

3月21日是春分,这天的白天和黑夜一样长。这天,是森林里的"元旦"佳节——喜迎春天的到来。

我们这里民间有这样的说法:"3月暖洋洋,冰柱命不长。"太阳击退了寒冬,积雪变得松软了,表面出现了蜂窝状的孔洞,白雪变得灰不溜秋的——再也不像冬季那样了,它坚持不下去了!一看颜色,就知道它快要完蛋了。屋檐上挂下来的一根根小冰柱,化成亮晶晶的水,滴滴答答往下淌……慢慢地聚成了一个个水洼——户外的麻雀在水洼里欢天喜地扑腾着翅膀,要把羽毛上一冬积下的尘垢洗掉。花园里传来了山雀银铃般的欢声笑语。

春天展开阳光的翅膀飞到了我们这里。春天可有严格的工作程序。头一件事就是解放大地,让一处处白雪融化,露出了土地。这时候溪流还在冰层下好梦正酣(hān),树木也在雪底下沉睡未醒。

按照俄罗斯古老的风俗,3月21日这天早晨,大家都用白面烤"云雀"。这是一种小面包,前面捏个小鸟嘴,用两粒葡萄干当鸟眼睛。这天,我们还要把笼中的鸟儿放生。按照我们的新习俗,从这天开始了爱鸟月。这一天,孩子们个个都为这些有翅膀的朋友忙活:在树上挂上成千上万座鸟屋——椋鸟房、山雀房、树洞式鸟窠(kē);

把树枝捆绑起来，方便鸟儿做窠；为那些可爱的小客人开办免费食堂；在学校和俱乐部举办报告会，说说鸟类大军怎样保护我们的森林、田地、果园和菜园，谈谈应该怎样爱护和欢迎我们活泼愉快、有翅膀的歌唱家们。

　　3 月里，母鸡可以在家门口尽情畅饮了。

春天的序曲已经吹响：白嘴鸦历经千难万险飞回北方；乌鸦小心翼翼地保护着自己刚产的蛋；遇到雪崩的松鼠仍不忘窝里的宝宝；熊却依然躲在洞里，迟迟不肯露面……还有哪些动物的出现，拉开了春天的序幕呢？

林间纪事

首份林区来电

白嘴鸦揭开了春之幕

白嘴鸦揭开了春之幕。雪融后露出土地的地方，聚集了一群群白嘴鸦。

白嘴鸦在我国南方越冬。它们现在匆匆忙忙回到我国北方，回到它们的故乡。一路上，它们屡屡遭遇猛烈的暴风雪。途中，几十几百只白嘴鸦都因体力不支而死去。

最先飞到目的地的是最强壮的。现在它们在休息。它们在道路上大摇大摆地踱着方步，用结实的喙刨土觅食。

乌云，原本黑压压、沉甸甸的，遮天蔽日，现在都已消散尽了。蔚蓝的天空上飘着大雪堆般的浮云。第一批兽崽降生了。驼鹿和狍子（鹿的一种。狍，páo）长出了新角。黄雀、山雀和戴菊鸟在森林里唱起了歌。我们在等待椋鸟和云雀来临。我们在树根被掘起的云杉下找到了熊洞。我们轮流守候在熊洞旁，准备一见熊出来，就做出报道。一股股雪水悄无声息地在冰下汇集。树上的积雪融化了，森林里响起滴滴答答的滴水声。夜里，寒气又重新把水冻成冰。

本报特派记者

第一只蛋

鸟儿里面，要算乌鸦最早产蛋。它的窠筑在盖着厚厚积雪的高大云杉上。雌乌鸦老待在窠里，因为它怕蛋冻坏，怕小乌鸦冻死。食物由雄乌鸦给它送来。

雪地里吃奶的小兔儿

田野里还是白雪皑皑，兔子已开始产崽了。

小兔儿一出娘胎就睁开眼睛，身上穿着暖和的小皮袄。它们一出生就会跑，吃饱了妈妈的奶后就躲在灌木丛里和草墩下面，乖乖地趴在那儿，从不调皮捣蛋。兔妈妈跑得不知去向，可它们不叫唤，也不折腾。

一天，两天，三天过去了。兔妈妈在田野里跳跳蹦蹦，早把小兔儿给忘了。可它们还是乖乖地趴在那儿。它们可不能瞎跑！要不，就会被鹞鹰看见，或者被狐狸跟踪。

这不，终于有只兔妈妈打旁边跑过来。不对，这不是它们的亲妈妈——是一位不认得的兔阿姨。

小兔儿跑到它跟前央求："喂喂我们吧！"

"行呀，那就吃吧！"兔阿姨喂饱了小兔儿，走了。

小兔儿又回到灌木丛里去趴着。这时候，亲妈妈不知在哪里正喂别家的小兔儿呢。

原来兔妈妈们有这么一种规矩：它们认为，所有的孩子都是大家的。不论兔妈妈在哪儿，只要遇到一窝小兔儿，它都给它们喂奶。管它是亲生的，还是别的兔妈妈生的，都一视同仁！

你们以为小兔儿离了家人的照顾，日子就不好过吗？才不呢！它们身上穿着皮袄，暖和着呢。兔妈妈的奶汁又浓又甜，小兔儿吃了一顿，好几天都不饿。

出生八九天后，小兔儿开始吃草了。

最先绽放的花儿

头一批花儿露面了。不过，别在地面上找，这不，地面还盖着雪呢。森林里，只在边缘一带有水淙淙流着，沟渠里的水漫到了边沿。瞧，就在这儿，在这褐色的春水上面，光秃秃的榛（zhēn）树枝头，开出了头一批花儿。

一根根富有弹性而柔软的灰色小尾巴，从树枝上垂下来——人们把它们叫作葇荑（róutí）花序，其实它们并不完全像葇荑花序。你把这种小尾巴摇一下，上面就会有许多花粉像云彩一样纷纷扬扬飘落下来。

怪的是，就在这几根榛树枝上，还开着别的花儿。这种花儿，有的成双成对，有的三朵生在一起，很容易被人当作花蕾。只是在每个"花蕾"的尖上，伸出一对既像线，又像小舌头的鲜艳的粉红色小东西。原来这是雌花的柱头（雌蕊的顶部，是接受花粉的地方），它们能接纳从别的榛树枝上随风飘来的花粉。

风无拘无束地在光秃秃的树枝间游荡，没有树叶，也没有别的东西阻挡它去摇晃那些葇荑花序式的小尾巴，或阻挡雌花接受随风吹来的花粉。

到了一定时候，榛树的花儿会凋谢，花序会脱落，那些奇异小花上的粉红色细线——柱头会干枯，而每朵小花儿最后会变成一颗榛子。

H. M. 帕甫洛娃

春天里的应对之策

森林里，温和的动物常常会受到凶猛动物的袭击，一旦被发现，就没命了。

冬天，浑身雪白的兔子和山鹑（chún）在白茫茫的雪地里就不容易被发现。可现在，雪在融化，许多地方露出了土地。狼呀、狐狸呀、鹞鹰呀、猫头鹰呀，甚至小小的白鼬（yòu）、伶鼬这类小型食肉动物，老远就能发现在化了雪的黑色土地衬托下的白色皮毛和羽毛。

于是，白兔和白山鹑使出了妙招：来个乔装打扮，脱毛换色。结果白兔子浑身上下换成了灰衣衫，白山鹑褪掉好多的白羽毛，换上褐色和红褐色带条纹的新羽毛。经这一番改装换色之后，它们就不容易被发现了。

有些攻击性很强的动物也跟着改装换色。伶鼬冬天里一身素装，白鼬也一样，冬天里浑身雪白，只有尾巴尖是黑的。这两种动物利用白色皮毛这样有利的条件，在雪地里轻而易举地靠近并袭击温和的小动物。可现在它们得换毛变色了，把自己变成了一身灰。不过白鼬的尾巴尖没有变，还是原先的黑色。但尾巴尖上这点儿黑斑无论是冬天，还是夏天，都碍不了大事，因为雪地上也有黑色的斑斑点点，那是尘屑和枯枝败叶之类的东西，要说地面上和草上，这种黑点更是随处可见。

自然界的小动物都有保护自己的方法。"拟态"就是最常见的一种，它们会通过模仿周围环境的颜色和形状来隐藏自己。

冬季客人纷纷上路

想象一下，冬天，道路上都是白色小鸟是怎样的一番景象。它们会害怕人类吗？

在我们州的条条道路上，随处可见一群群白色小鸟，它们很像黄鹀（wú）。它们就是我们冬天里的客人——铁爪雪鹀。它们的老家在冻土带、北冰洋岛屿和海岸上，那里还要过很久才解冻哩。

雪　崩

森林里惊心动魄的雪崩开始了。

松鼠的窝就搭在一株高大云杉的枝杈上，这时候它正在自己暖暖和和的窝里睡大觉。

猛然间，一团沉甸甸的雪从树梢头落了下来，径直砸中它的窝顶。松鼠蹿了出来，可它刚生下不久的孩子还待在窝里，孤苦无助呢。

原来，刚出生的小松鼠什么也看不到，听不到。

松鼠立马扒起了雪。幸好雪团只是压住了粗树枝搭起来的窝顶，而铺着柔软而暖和的苔藓的圆窝完好无损。里面的小松鼠还睡着没醒哩。这些小家伙太小了，浑身光溜溜的没长毛，还没有视力，也没有听力，活像刚出生的小家鼠。

潮湿的居室

雪开始不断地融化。森林里地下居民的日子可

难熬了。这时候，鼹（yǎn）鼠、鼩鼱（qújīng）、野鼠、田鼠、狐狸等住在地下洞穴里大大小小的动物饱受潮湿之苦。一旦全部的冰雪都化成了水，它们该如何是好？

奇特的茸毛

沼泽里的雪全化了，土墩和土墩之间尽是水。土墩下，隐约可见一些银白色的小穗儿，在光溜溜的绿茎上左右摇晃着。难道这些就是去年秋天来不及飞走的种子？难道它们就这样在冰雪下过了一冬？令人难以置信，它们怎么会那么干净、新鲜呢？

其实呀，只要采下它们的小穗儿，拨开茸毛，就明白是怎么一回事了。这不是花儿吗？你看那丝一样的白茸毛中间，露出黄色的雄蕊和细线般的柱头。

羊胡子草就是这样开的花儿，花儿上的茸毛是保暖用的，要知道，这时候的夜晚还冷着呢。

H.M. 帕甫洛娃

银白色的小穗儿就像是去年秋天来不及飞走的种子，可是只要我们采下小穗儿，拨开茸毛，就会发现这是羊胡子草的花儿。生活中，只要细心观察，你会发现很多有趣的事情。

在常绿的森林里

四季常绿的植物都生长在哪里？根据这些地方的气候特征，思考一下，什么样的环境最适合四季常绿植物的生长？

别以为只有在热带和地中海沿岸才能看到四季常绿的植物，在我国北方也有常绿的森林，林中也生长常绿的灌木。现在是新年的第一个月，不妨去这样的森林里走走，既看不到枯黄的落叶，也见不着败兴的腐草，怎不叫人心旷神怡！

放眼望去，远处的小松树毛茸茸的，绿中透着淡灰，十分可爱诱人。置身其间叫人流连忘返！绿油油的柔软苔藓，叶子闪闪发亮的越橘，帚石南柔嫩的细枝长满了奇特的叶芽，宛如片片鳞片，去年开放的淡紫色小花还未凋谢呢，处处生机盎然。

在沼泽的边缘，还可以看到另一种常绿灌木——蜂斗菜。它那暗绿色的叶子边沿由下而上卷起，泛着白色，所以也叫"下面白"。不过要是哪个人此时此刻立在这种小灌木前，是不会久久盯着它的叶子看的，因为还有更有趣的东西吸引他的注意：花儿！那一朵朵铃铛似的粉红色小花，与越橘十分相似，美丽极了。早春季节，在林子里见到花朵，怎不叫人喜出望外！不妨采一束带回家吧，谁也不会相信，花儿是从野外采来的，还以为是暖房里长出来的哩。

人们之所以不相信，是因为早春时节，很少有人去常绿的森林走走，所以免不了少见多怪。

H. M. 帕甫洛娃

春天，一切都充满生机，许多新鲜的事物都需要我们探索！

鹞鹰和白嘴鸦

"噼——啪！呱——呱！"有什么东西从我头顶上掠过，我回头一看，只见五只白嘴鸦在追逐一只鹞鹰。鹞鹰左躲右闪，还是被白嘴鸦追上。白嘴鸦狠狠地啄它的脑袋。鹞鹰虽然被啄得嗷嗷叫，但最终还是挣脱了重围，逃之夭夭。

这时，我正立在一座高山上，能看见很远的地方。只见一只鹞鹰飞来，落在一棵树上喘口气儿。突然间不知从什么地方冒出来一大群白嘴鸦，嚷嚷着一齐向鹞鹰扑去。鹞鹰处境危险极了，情急之下，它大声尖叫着向一只白嘴鸦反扑过去，对方吓得躲开了。鹞鹰趁机敏捷地冲上云端。白嘴鸦白白丢掉了到手的猎物，只好飞散到田野去了。

驻林地记者　K.梅什里亚耶夫

面对一大群白嘴鸦的包围，鹞鹰没有惊慌失措，反而主动袭击了其中一只白嘴鸦。仔细体会，鹞鹰为什么要这么做呢？

第二份林区来电

椋鸟和云雀飞来了，唱起了歌儿。

左等右等，熊还是没有从洞穴里出来，真叫人难受。我们不禁纳闷：熊是不是冻死在洞里了？

不经意间，积雪松动起来。

可是雪底下钻出来的压根儿不是熊，而是一种从未见过的动物，个头跟大猪崽不相上下，浑身是毛，肚皮乌黑，白白的脑袋上长着两道黑条纹。

原来那不是熊穴，而是獾（huān，狗獾、猪獾的统称。）洞，钻出来的是獾。

现在它不再贪睡了，从此夜里要到林子里找蜗牛、小虫和甲虫吃，它还啃吃草根，逮野鼠充饥。

我们在林子里四处寻找，终于找到一个熊穴，一个货真价实的熊穴。

熊还在冬眠。

冰面上已有水漫上来了。

雪堆开始塌了，松鸡在求偶，啄木鸟咚咚地擂鼓似的在啄树干。

破冰鸟白鹡鸰（jílíng）飞来了。

有的路已走不了雪橇，庄员便改用了大车。

本报特派记者

‖成长启示

冬天，浑身雪白的兔子和山鹑在白茫茫的雪地里不容易被发现。但是，当春天来临，冰雪开始融化，许多土地都露出来了，兔子和山鹑就很容易被捕食者发现。它们为了保护自己，开始适应环境变化，脱毛换色。日常生活中，我们也要提高自己的适应能力，随着环境的变化做出相应的改变。

‖要点思考

1. 阅读完上文，思考一下，森林里的动植物为了适应新的季节，做出了什么改变？

2. 当冰雪全部化成了水，住在森林地下的"居民"该怎么办？

随着春之序幕缓缓地揭开，城市里的动植物也苏醒过来了。春天最先盛开的是哪种花儿？水塘里都游来了什么动物？趁着好春光，都市里的人都开始栽树了吗？带着这些疑问，一起去下面的故事里寻找答案吧！

都市新闻

房顶音乐会

每天晚上，房顶上都举办猫的音乐会。猫特别喜欢开音乐会。不过，这种音乐会总是以歌手们不顾死活地大打一场而收场。

走访阁楼

《森林报》的一名记者近日跑遍了市中心区的许多房子，调查阁楼住户的生存状况。

居住在阁楼角角落落的鸟儿对自己的处境十分满意。哪个感到冷，可以紧挨壁炉的烟囱，取暖不用钱；母鸽子已在孵蛋；麻雀和寒鸦满城寻找秸秆，收集起来好搭窝，然后搜集绒毛和羽毛铺窝做软垫子。

只是猫和小男孩儿不时来破坏它们的窝，害得小鸟叫苦不迭。

争房风波

椋鸟房前吵吵嚷嚷，拳打脚踢，乱成一片。风中绒毛、羽毛、秸秆满天飞扬。

原来是房主人椋鸟回到家，发现巢穴被麻雀给占了，它揪住对方，一个个往外揍，随后把麻雀的羽毛垫子扔了出去，来它个扫地出门，毫不手软。

这时有个泥灰工正好站在脚手架上，用泥灰修补屋檐下的裂缝。麻雀在屋顶上蹦来蹦去，一只眼睛瞅着屋檐下，瞅着瞅着，大叫一声，猛地向那泥灰工的脸扑了过去。泥灰工见状举起抹灰的铲子招架。他哪里想到，自己闯了祸，居然把裂缝里的麻雀窝给封住了，可窝里还有麻雀下的蛋哩！

叽叽喳喳，你争我斗，绒毛、羽毛随风飘飘洒洒。

驻林地记者　H.斯拉德可夫

无精打采的苍蝇

街头出现一些大苍蝇，浑身绿中带蓝，泛着金属的光泽。看那模样，像是已到了秋天，一副没精打采的样子。它们还不会飞，只能凭着细腿，在房墙上摇摇晃晃，艰难爬行。

苍蝇大白天就躺在露天里晒太阳，晚上爬回墙壁或篱笆缝隙里过夜。

苍蝇啊，当心流浪汉！

列宁格勒街头出现一些四处游荡的蜘蛛。

谚语说：狼是靠四条腿填饱肚子的。游荡的蜘蛛也一个样儿。它们跟普通的蜘蛛不一样，不去编织巧妙的蛛网，而专门攻击苍蝇和其他昆虫，一见到目标，便纵身一跳，猛扑过去。

迎春虫

河面的冰缝里爬出一些笨手笨脚的灰色小幼虫。它们爬上了河岸，蜕去了裹在身上的皮外套，变成了长着翅膀的小昆虫，身材苗条、匀称。这些既不是苍蝇，也不是蝴蝶。它们是迎春虫。

这时候的迎春虫虽说翅膀长长的，身子轻轻的，可还不会飞，因为气力还不足，还得靠阳光才能长大呢。

它们凭着细腿爬过了马路，一不留神，就要被人踩，被马踏，被车轮碾。另外，它们也很容易落入麻雀口中。可它们顾不了这许多，一个劲儿地爬呀，爬呀——迎春虫成千上万，多的是。

那些过了马路险关的迎春虫便爬上房墙，享受阳光去了。

林区观察站

80年前，著名的自然科学家凯德·尼·卡依戈罗多夫教授首先开始在林区进行物候学（研究有关自然界季节现象的科学。——作者原注）观察工作。

现在，全苏地理协会附设一个以卡依戈罗多夫命名的专门委员会，领导物候学观察工作。

各州和加盟共和国的物候学爱好者把各自的观察情况寄给该委员会。多年来，已积累了大量的资料，如鸟类的迁徙、植物的开花期、昆虫的出没……凭着这些材料就可编成一本"自然通历"。这样的历书有助于预测天气，安排种种农事的日程。

现在，林区已建立起国家物候中心站。有50年以上历史的同类观察站，全球只有三座。

列宁格勒州第一次农庄儿童代表大会决议

我们要向农庄的敌害宣战：鼠类、谷物象甲虫、草地螟（míng）虫等。我们要建立1200个与大田、花园、菜地、粮仓等地的敌害做斗争的战斗队。为了与大田和菜地里的敌害做斗争，我们将分别挂出30 000只椋鸟窝。

列宁格勒州少年自然界研究者代表大会决议

亲爱的伙伴们：

我们的田野里庄稼苗壮生长，花园里百花盛开，社会主义经济日益巩固和发展。

我们年轻的大自然研究工作者及农业试验人员要与成年人一起努力。

我们这些参加州代表大会的少年自然界研究工作者和农业试验人员在互相交流经验的同时，也向全州所有的少先队员和学生发出号召：加速开展自然科学研究工作。

在学校实验园地里开辟出专门的园地，辟出花坛，培育果实累累的浆果。

请你们每个人至少种植两株果树，或两株浆果灌木，组织更广泛的农作物品种选育、新的珍贵植物的培育、先进农业技术的检验和应用等方面的试验。

暑假期间，大家都要为学校准备一些植物、动物及微生物方面的直观教具。

我们都要到农庄的田地、菜园、牲口棚参加劳动，去养蜂场帮忙。

为了使我们有益的工作卓有成效地进行，我们要经常求教自己的老师、农艺师、畜牧师、蔬菜种植家、养蜂人，了解农业先进分子的成就，学习米丘林（1855—1935，苏联育种学家）工作者创收的新方法。

为鸟儿准备好住房吧

要想让椋鸟在自家花园安居下来，赶快给它们造座小房子吧。这种小屋应该干干净净，房门要开得不大不小，椋鸟钻得进，而小猫进不去。

还要在门内侧钉上一块三角形的木板，这样小猫的爪子就够不到椋鸟了。

小蚊子起舞

在晴朗暖和的日子里，小蚊子开始在空中起舞了。你可别害怕，因为这种蚊子不叮人，它们是舞虻。

舞虻密密匝匝，聚成一大群，像根圆柱子，停留在半空中，挤挤挨挨，一团团地飞着，舞着。舞虻多的地方，空中尽是黑黑的斑点，活像人脸上长了雀斑。

最先现身的蝴蝶

蝴蝶出来呼吸新鲜空气，在太阳底下晒翅膀了。

最先现身的蝴蝶，是那些待在阁楼里越冬的暗褐色、带红斑点的荨麻蛱蝶和浅黄色的黄粉蝶。

公园里

公园和花园里，响起了浅紫色胸脯、浅蓝色脑袋的雄苍头燕雀嘹亮的歌声。它们成群结队地聚在一起，等候雌燕雀到来。雌燕雀往往迟来一步。

新森林

全苏造林会议召开了。林务区主任、造林学家和农学家济济一堂。参加会议的也有列宁格勒市民。

100多年以来，我国实施了草原造林研究工程并付诸实际行动。选定了300种乔木和灌木，作为草原上造林的树种，这些树种的适应能力很强，能在不同的草原条件下稳定生长。比如说，在顿河草原上，最适合的树种是橡树，但要与锦鸡儿、忍冬及其他灌木交替种在一起。

我们的工厂造出了一种新机器，有了这种机器，短时间内就可栽种一大片树苗。迄今为止，造林面积已达数十万公顷（1公顷 = 0.01平方千米）。

最近几年还要在全国各地营造数百万公顷的新林，这对提高耕地效率起了很大作用。

塔斯社列宁格勒讯

春天的鲜花

在花园、公园和庭院里处处盛开着黄灿灿的款冬（多年生草本植物，叶子略成心脏形，有长柄，花黄色。花蕾可入药）。

街上也有一束束林中早开的春花出卖。卖花人管这种花儿叫"雪下紫罗兰"，但它的颜色和香气，都不大像紫罗兰。其实"蓝色獐耳细辛"才是它的真名。

树木也苏醒过来了，树液不是已经开始在桦树的树干里流淌了吗？

水塘里游来了什么动物

春天里，在林区的公园和峡谷里，小溪流水潺（chán）潺。我们《森林报》几位驻林地记者在一条小溪上用石块和泥土垒起了一道拦水坝，守候在那里，看看小水塘里会游来什么动物。

我们等了很久，都不见什么动物光临，漂来的只是一些碎木片和小树枝，进了水塘直打旋。

后来沿着溪底冲来了一只老鼠。这不是常见的长尾巴的灰家鼠，而是一只田鼠，毛呈红棕色，尾巴短短的。

也许这只田鼠早就死了，整个冬天都躺在雪底下。现在雪化成了溪水，死鼠便随波逐流，不知要被带向何方。

接着，水塘里漂来了一只黑甲虫，它挣扎着，打着滚，就是没能从水里爬出来。开始时，大家还以为这是一只水栖甲虫，捞起来一看，原来是只地地道道的陆生甲虫——屎壳郎。

可见，屎壳郎苏醒过来了。当然啰，屎壳郎可不是有意投水自杀的。

后来又来了一位，长长的后腿儿一蹬一收地，自动游到水塘来了。猜猜看，这家伙是哪个？是青蛙！

周围全是雪，可青蛙硬是一见水就过来了。

它跳上了岸，连蹦带跳，很快就钻进了灌木丛。

最后游来的是一只小兽。毛色棕红，很像家鼠，不过尾巴没那么长——原来是只水老鼠。

水老鼠贮存了许多粮食过冬，可现在已经是春天了，冬粮显然全吃光了，它这才出来找食。

款　冬

一丛丛款冬的细茎早已在小山丘上露面了。每一丛细茎都是个小家庭。早出生的细茎体态苗条，高昂着脑袋，紧挨着它们的是那些后生的茎条，显得粗短而笨头笨脑的。

还有一些茎条弯着腰立在那儿，耷拉着脑袋，模样滑稽可笑——仿佛初到人间，怕见世面，还挺害羞哩。

每个小家庭都是从地下的一段根茎繁育出来的。这段根从上一年的秋天就贮存好了养分，现在这些养分慢慢地快要耗尽了，不过还够维持整个开花期的需要。每个小脑袋很快就要变成一朵呈辐射状的小黄花，确切地说，变成的不是花儿，而是花序，是一束彼此紧挨在一起的小花。

小花凋谢后，根茎里就会长出叶子来，叶子要承担起一个任务，那就是为根茎补充新的养分。

H. M. 帕甫洛娃

空中传来号角声

空中传来声声号角，列宁格勒居民感到很惊奇。大清早，城市还在沉睡，街道上还是静悄悄的，所以号角声听起来格外清晰。

眼力好的人，放眼看去，就能见到云彩下飞过大群大群伸出长脖子的白色大鸟。这便是一大群好叫唤的白天鹅。

年年春天，天鹅从我们城市上空飞过，发出呜啦，呜啦嘹亮的号角声。只是城市里人声嘈杂，人来车往，我们很难听到这些号角声罢了。

这时候它们急着赶路，飞往科拉半岛阿尔汉格尔斯克一带，飞往北德维纳河两岸去筑巢。

节日通行证

我们在等候长羽毛的朋友光临。大队委员会嘱咐每位少先队员做好一个椋鸟房。

我们大家都为这事忙碌起来。我们学校有个木工场，还不会做椋鸟房的人可以在木工场学会。

我们学校的花园里，为小鸟造了许许多多的房子，让小鸟在我们这儿好好待下去，保护好苹果树、梨树和樱桃树，免得被一些有害的毛毛虫和甲虫糟蹋了。到了爱鸟节这一天，每个少先队员都把自己做的椋鸟房带到会场上来。我们已说好了：椋鸟房就是我们庆祝会的通行证。

驻林地记者 沃洛佳·诺维任尼亚·科良吉根

第三份林区来电（急电）

我们轮流待在熊洞边的树上守候着。

突然间，地上的积雪被什么东西拱了起来，露出一只野兽的大脑袋。

钻出来的是只母熊。随后出来的是两只熊崽。

我们看见母熊张开大口，畅畅快快地打了个哈欠后，便往林子里去了。熊崽撒着欢，跟在后面。我们好不容易看到，母熊瘦得厉害，皮包骨似的。

现在母熊在林子里东游西荡，经过长时间的冬眠之后，它肯定饿坏了，见到什么就吃什么：不管是树根、去年的枯草，还是浆果，就是碰上小兔儿也不会放过。

本报特派记者

开始发大水了

冬天已威风扫地了。云雀和椋鸟唱起了欢歌。

水流冲破了冰的屏障，放开手脚，随心所欲地在辽阔的田野上流淌。

田野发生"火灾"——是太阳把白雪照得一片火红。绿草喜气洋洋地从积雪下探出头来。

春水泛滥的地方成了早来的野鸭和大雁栖息的乐园。

我们见到争先出来的蜥蜴。它从树皮里钻出来，爬上树墩晒太阳。

每天都有数不胜数的新闻，忙得我们来不及一一记录下来。

春水泛滥，森林与城里的交通断了。

有关春水造成的灾情我们将通过飞鸽把稿件寄去，供下期《森林报》刊出。

‖成长启示

一丛丛款冬的细茎都是从地下的一段根茎繁育出来的，这段根从上一年的秋天就贮存好了养分。确实，学会积累很重要。郭沫若在诗中说："胸藏万汇凭吞吐，笔有千钧任翕张。"学习本身就是一个积累的过程，只有在日常学习中重视一点一滴的积累，才能在以后面对考验时，游刃有余。

‖要点思考

1. 为了迎接新的春天，都市里的动植物都做了哪些积累呢？

2. 水塘里都游来了什么动物？《森林报》的驻林地记者们坚持守在水塘边，体现了什么？

春天代表着希望，代表着新生。春暖花开，万物都蠢蠢欲动，可爱的小动物出生了，有些植物正沉浸在搬了新家的喜悦之中，庄员们也为秋播的小麦准备了"食物"……一切都在井然有序地进行着。

农庄纪事

集体农庄新闻

H. M. 帕甫洛娃

拦截出逃者

雪融化成了水，竟企图擅自从田野里出逃到洼地里去。

庄员们不失时机地拦截住了逃亡者，办法是在斜坡上用厚实的积雪筑起了横堤。

雪水被拦截在田野里，无声无息地渗进了泥土里。

田野里的"绿色居民"已经感觉到，自己的根得到水的滋润，不禁欢天喜地起来。

100个新生儿

昨天夜里，"突击队员"——国营农场猪舍里的值班饲养员为母猪接生。小猪崽全都圆滚滚、壮壮实实的，正哼哼乱嚷着哩。9位幸福、年轻的母亲，无时无刻不焦急地等待着饲养员把那些长着小尾巴、红扑扑、翘鼻子的新生儿送过来喂奶。

乔迁之喜

土豆从冷冰冰的仓库搬进了暖和的新房子。

它对新环境心满意足，准备好好生长发芽。

绿色新闻

新鲜黄瓜开始上市了。给黄瓜授粉的不是蜜蜂。黄瓜生长的土地不是因为阳光而变暖起来的。

可黄瓜还是名副其实的黄瓜：圆滚滚，壮壮实实，汁水饱满，浑身满是小刺。那气味也是实实在在的黄瓜味，只不过它是在暖房里长大的。

救助挨饿者

积雪融化尽了，露出来的田野里长着的尽是又弱又瘦的小苗苗。土地还没有解冻，根茎没法从土中吸取任何养分。可怜的小苗苗只落得挨饿的份儿。

可小苗苗都是庄员的宝贝疙瘩，不是吗？别以为它们是瘦骨伶仃、有气无力的小草，它们可是秋播的小麦。农庄里早已为它们准备了最有营养的伙食：草木灰呀、鸟粪呀、厩肥呀，还有食盐哩。

伙食还是从空中食堂分送给这些受饥挨饿者的——田野上空飞来飞机，撒下食粮，管保每株小苗苗都吃得心满意足。

因为春天到来而高兴的不只是动植物，还有早就按捺不住的猎人。根据规定，猎人只有在狩猎期才被允许打猎。因此，狩猎期的到来让猎人感到十分激动。在狩猎期间，猎人不仅能打到自己心仪的动物，还能看到难遇的"好戏"。

狩猎纪事

按规定，只有在短期内才允许打猎。如果开春早，狩猎可以提早。如果开春迟，狩猎期也随之延后。

春天里，只允许打林中和水面上的鸟儿，而且只能打雄的，如雄野鸡和雄野鸭。还不准带猎狗。

伏猎丘鹬

猎人白天出城，傍晚就可到林子里。这是个灰蒙蒙的无风天，下着毛毛细雨，但很暖和。这样的天气正是鹬（yù）鸟空中求偶的好时光。

猎人看中了林边的一块地方，站在一棵小云杉前。四周的树木都不是很高，只有一些低矮的赤杨、白桦和云杉。离太阳下山还有一刻钟，这时候猎人可以抽空抽抽烟，再过一会儿就不能抽了。

猎人站着，只听见林子里各种各样的鸟儿在歌唱，鸫（dōng）鸟立在云杉尖尖的树梢上引吭高歌，而红胸脯的鸲（qú）鸟躲在树丛中哼着小曲儿。

太阳下山了。鸟儿陆陆续续收起了歌喉，最后连歌唱家鸫鸟和鸲鸟也停止了歌唱。

留神，仔细听！突然，静静的林子上空传来"哧尔克，哧尔克——霍尔，霍尔！"的声响。

猎人猛地一惊，端起了枪，屏气凝神，细听起来。哪儿传来的声音？

"哧尔克，哧尔克——霍尔，霍尔！"

"哧尔克，哧尔克！"

居然有两只呢！

两只长嘴丘鹬快速地扑扇着翅膀，从林子上空飞过。

一只跟着另一只，不像是在打斗。

看来前面的那只是雌鸟，跟在后面的是雄鸟。

乓！……后面的雄鸟像风车似的，打着旋，慢慢地掉进了灌木丛中。

猎人飞快地奔了过去，要是慢了一步，受伤的鸟儿就会逃走，或钻进灌木丛中，那他就一无所获了。

丘鹬浑身的羽毛暗黄，看起来像平躺着的枯叶。

看见了，鸟儿就挂在灌木丛上！

那边，不知什么地方，还有一只丘鹬又"哧尔克，哧尔克！""霍尔，霍尔！"地叫唤起来。

离得太远了，不在猎枪射程之内。

猎人又躲到小云杉后面，聚精会神，侧耳细听起来。林子里静悄悄的。

又响起了叫声："哧尔克，哧尔克！""霍尔，霍尔！"

那边，就在那边——离得很远……

引它过来？它会过来吗？也许会的。

猎人脱下毛皮帽，往空中一抛。

雄丘鹬的视力很好，虽然已是黄昏了，它还是在寻找雌鸟的下落，终于看见一件黑乎乎的东西从地面上飞起来，又落了下去。

是雌丘鹬吗？

雄丘鹬拐了个弯，直向猎人扑了过来。

乓！——这只也一头栽了下来！像块木头似的，跌落到地面。

打中了！

天渐渐地黑下来了。"哧尔克，哧尔克！""霍尔，霍尔！"的叫声此起彼伏，东拐西拐的。

猎人兴奋得双手哆嗦起来了。

乓！乓！没有打中！

乓！乓！还是没有中！

不如先不要开枪，放过一两只，得定定神。

这不，现在好了，手不哆嗦了。

可以开枪了。

黑洞洞的森林深处，传来雕鸮（一种鸟儿。鸮，xiāo）低沉的怪叫声。一只鸫鸟，睡意蒙眬中被吓得尖叫起来。

天太黑了，很快就不能开枪了。

听，"哧尔克，哧尔克！"声终于又响了。

另一边也响起了叫声："哧尔克，哧尔克！"

就在猎人的头顶，两只雄鸟冤家狭路相逢，一碰面就争斗起来了。

"乓，乓！"两声枪响过后，两只丘鹬应声落地。一只一头栽了下来，另一只翻着跟头，转呀转，直落到了猎人的脚旁。

该离开了。

趁还能看得清小路，赶到附近鸟儿求偶的地方去。

松鸡情场

夜里，猎人在林子里坐下来，吃了点儿东西，就着军用水壶喝了几口水。这时候可不能生火，那会吓走猎物的。

等不了多久，天就放亮了，松鸡很早就开始求偶——通常在天亮之前。

黑夜的寂静中，一只雕鸮低沉地叫了两声。

该死的鸟儿，这么一叫会把求偶的松鸡吓跑的！

东方露出微微的鱼肚白。隐隐约约只听见什么地方一只松鸡鸣唱起来，接着又响起咯咯嗒嗒，噼噼啪啪的声音。

猎人一骨碌跳了起来，侧耳细听。

这不，又一只叫了起来，在不远处，150步开外的地方，又是一只……

猎人小心翼翼地摸了过去，手端着枪，扣着扳机，眼睛死死地盯着黑乎乎的粗大云杉。

再一听，咯咯声停了，听到的是松鸡的嗒嗒声。它的好戏开场了——唱起了带颤音的歌儿。

猎人纵身蹿了过去，没走几步，又一动不动地停了下来。

嗒嗒声戛然而止，四周悄无声息。

这时候松鸡已有所觉察，警惕起来。机灵的鸟儿，只要有点儿风吹草动，就会飞离原地，拍打着翅膀逃之夭夭。

什么声响也没有听到，它又"嗒嗒，嗒嗒！"地鸣叫起来，听起来像是两根木片儿相碰发出的清脆声。

猎人站着不动。

松鸡又叫了起来。

猎人跳向前去。

松鸡嗒嗒了一阵后，不叫了。猎人刚抬腿，就不敢迈步了。松鸡还是不发声，它在细听动静哩。

过了一会儿，又响起嗒嗒声。

反反复复响了好几次。

目标离得很近了，松鸡就近在眼前，待在这几棵云杉上，离地面不远，就在树的半腰上！

这家伙忘情地唱呀唱呀，已唱昏了头，哪怕朝它嚷嚷，它也充耳不闻了！

可它到底在哪儿呢？在这一大片黑乎乎的树丛里，哪里找得到它呢？

瞧你说的，不是在那里吗？不就是在一根毛蓬蓬的树枝上吗？近在眼前，不到30步的距离——瞧它那黑黑的长脖子，长着山羊胡子的小脑袋瓜……

它不叫了，这时候猎人还不能轻举妄动。

"嗒，嗒！嗒，嗒！"声又响了——还有啪啪声哩。

猎人端起了枪。

枪口对准这个脑袋上长着山羊胡子的黑影，它的尾巴像把展开的大扇子。

目标得选准。

打在紧束一起的翅膀上不行，霰（xiàn）弹会滑掉，伤害不了这只强壮的鸟儿。最好是瞄准脖子。

乓！……

烟雾迷住了眼睛，猎人什么也看不见，只听到松鸡沉重的身躯掉了下来，咔嚓咔嚓折断一根根树枝。

"嘭！"的一声掉落在雪地上。

好一只雄松鸡！大块头，浑身乌黑，分量少说也有 5 千克。它的眉毛通红通红，像是血染了似的……

黑琴鸡的情场

森林里有块很大的空地，成了一座剧院。太阳还未升起，四周的景物却看得一清二楚，因为现在是白夜（由于地轴偏斜和地球自转、公转的关系，在高纬度地区，有时黄昏还没有过去就呈现黎明，这种现象叫作白夜）。

来看戏的是长着麻斑的小黑琴鸡。这些观众有的蹲在地上吃东西，有的老老实实待在树上。

它们个个都盼着好戏开场。

说话间，从林子里飞来一只雄琴鸡，它浑身乌黑，翅膀上是一道道白条纹。它可是求偶场上的主角。

它那一对纽扣似的黑眼睛滴溜溜地左看看，右瞧瞧……可剧场里除了来看戏的，没别的。

那边的矮树丛是什么东西？昨天好像没那东西吧？真是怪事儿：一夜之间怎么会冒出那些一米高的云杉来呢？准是自己忘了……上了岁数脑子就是不好使。

该是开场的时候了。

场上的主角再次打量了一番观众之后，脖子弯到了地面，翘起华丽的尾巴，翅膀斜拖在地上。

它这就叽里咕噜，念念有词起来。

听起来像是说："卖掉皮袄子，买来大褂，买来大褂！"

念罢，它伸了伸腰板，打量着全场，又咕噜起来："买来大褂，买来大褂！"

笃！又飞来一只雄琴鸡。

笃！笃！接着又是一只，又是一只，结实的双腿跺得地面连连发出笃笃声。

反了！这下可把咱们的主角气疯了。只见它浑身的羽毛都竖了起来。脑袋贴着地面，尾巴摊开成一把大扇子。

"丘弗——弗！丘弗——弗！"

它这是在挑战：哪个不怕死的就过来！

场子的另一头有雄松鸡搭话了："丘弗——弗！你要不是胆小鬼，就亲自过来比试比试——来呀！"

"丘弗——弗！"来这儿的有二三十个对手。你挑吧，哪个都准备好干上一架。

雌琴鸡坐在树枝上，一声不吭，不露声色，好像对这些表演不感兴趣似的。这群美人儿心眼儿就是多，没准在耍什么花招哩。这戏可是专为它们演的。就是为了它们，这些尾巴像翅膀似的，眉毛火辣辣的，眼睛红通通的黑斗士才飞到这儿来。

每个黑斗士都想在美人儿面前炫耀一下自己的勇气和力量。笨手笨脚、势单力薄的胆小鬼还是走开的好！只有胆大、机灵、最勇敢的才可以博得它们的青睐。

这不，好戏开场了……

争斗声、叫嚷声响彻场子，只见雄琴鸡个个脖子贴地，蹦着、跳着，聚拢来……

两只雄琴鸡头碰头，嘴对嘴，奋力啄着对方的脸。

双方无不怒气冲冲，发出"丘弗，丘弗！"的声响。

天渐渐亮了。笼罩在舞台上空那白夜透明的薄幕也随之退去。

低矮的云杉丛中有件金属的东西在闪闪发光——求偶场上哪来这些云杉？

雄琴鸡才不理会这些云杉，它们一心都扑在怎么对付自己的对手上。

数这场演出的主角离云杉丛最近。它已连续打败了两位情敌，现在正跟第三位交手。它做主角当之无愧，林子里没有哪个的力气比它大。

第三位对手不但勇敢，身手也很敏捷，蹦跳了过去，狠狠地教训了主角一下。

"丘弗！"主角恶狠狠地喝了一声。

待在树枝上的那些美人儿伸长了脖子。好戏这才开场哩！这才是名副其实的决斗！主角可不会逃跑，说什么也不会跑掉的。双方再次逼近，结实的翅膀拍得啪啪响，两只雄琴鸡腾空扭成了一团。

啄了一下，又啄了一下——根本分不清谁啄了谁——两只琴鸡双双落地，各自退到一边。那只年轻的琴鸡——翅膀上被折断了两根硬翎，露出杂乱的蓝色羽毛，而那只年长者火辣辣的眉毛淌着血，一只眼睛被啄瞎了。

树枝上的美人儿有些坐立不安了。谁胜了谁？莫非是年轻的占了上风？多帅的小伙子：瞧它那紧密的羽毛闪着蓝莹莹的光泽，尾巴上满布花斑，翅膀上的条纹斑斓耀眼！

这不，双方又斗在一起，扭成一团了。年长的压着对手。

再次厮杀在一起，又各自分开。

再次逼近，这次是年轻的压住年长的！

还有最后一个回合。瞧！……

又扭成一团——又各自退却。

又冲上前去，扭成了一团。

乓！——震耳欲聋的枪声响彻整片森林。云杉树丛里冒出一团烟。

情场上的战斗中断了一会儿。树枝上的雌琴鸡伸长脖子惊呆了。雄琴鸡们惶恐不安地扬起了红眉毛。

发生什么事儿了?

没事儿,不是太太平平的吗?

不见什么外人进来。

四周静悄悄的。云杉上的烟消散了。一只雄琴鸡回过头——面前正立着自己的情敌。它跳上前去,不由分说直往对方脑门啄去!

好戏继续上演,一对对雄琴鸡相互厮杀起来。

可是美人儿从树枝上看到,那年老的和年轻的斗士双双躺在地上,死了。

莫非是互斗死的?

演出在继续。还是看看舞台上的好戏吧。这时候哪一对演得最精彩?这些黑斗士哪个会成为最后的胜者?

太阳升到剧场上空的时候,剧场已是鸟走场空了。从云杉枝条搭成的小棚子里出来一名猎人,他做的第一件事就是拾起年长的和年轻的雄琴鸡。两只雄琴鸡满身是血:从头到脚都中了霰弹。

猎人把两只雄琴鸡塞进胸前的袋子里,又去捡回另外三只被他打死的雄琴鸡,扛起枪,打道回府了。

他在穿过森林的时候,边走边听,还忘不了东张西望,生怕撞到什么人……今天他干了两件亏心事:一是在法律禁止的期限内,在求偶场上开枪射杀琴鸡;二是杀害了求偶场上的老主角。

明天,森林边空地上不会有演出了,因为缺了老主角,戏演不了啦。

求偶的好戏从此告吹了。

本报特派记者

▮成长启示

在狩猎的过程中,猎人耐心地等待着最好的时机,最后才能满载而归。猎人在狩猎的过程中所表现出的耐心值得我们学习。我们都知道春天播种,秋天收获,但却时常会忽略中间还会经历一整个夏天的漫长等待。因此，在学习的过程中，我们也不能急于求成，要静下心来，耐心地"耕耘"，掌握知识，这样才会有所收获。

▏要点思考

1. 为了成功伏猎丘鹬，猎人是怎样做的？
2. 猎人为什么要等黑琴鸡搏斗完之后再过去呢？

天南地北

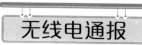

请注意！请注意！

列宁格勒广播电台

这里是《森林报》编辑部。

今天，3月21日，是春分，我们决定举行全国各地无线电通报。

我们呼叫东、南、西、北各方注意！

我们呼叫冻土带、原始森林、草原、高山、海洋和沙漠注意。

请报告你们那里当日的情况！

请收听！请收听！

北极广播电台

今天，我们这里过节——经过无比漫长的冬季后，终于迎来了太阳！

第一天，太阳从海面露了个脸儿——只露出个头顶。没几分钟，太阳便躲起来了。

过了两天，太阳露出半个脸儿。

又过了两天，太阳再次露脸儿，终于见到全貌——升离海面了。

现在我们这里的白天还很短：从早到晚只有一个小时的日照，这也没有关系，因为我们总算见到了光明，而且白天越来越长，明天比今天长，后天又比明天长。

我们这里的水域和陆地覆盖着厚厚的冰雪。白熊还在冰穴——熊洞里酣睡。哪里也见不到一丝绿意，鸟儿也绝迹了，只有严寒和暴风雪。

中亚广播电台

我们已完成马铃薯的种植，开始播种棉花了。我们这里的阳光毒辣辣的，烤得街上尘土飞扬。桃树、梨树和苹果树上的花儿开得正旺，而扁桃、杏树、白头翁（多年生草本植物）和风信子的花儿已凋谢了。防护林带的植树活动已经开始了。

在这里越冬的乌鸦、寒鸦、白嘴鸦和云雀又北归了。家燕、白肚皮的雨燕等鸟类飞来，在我们这里消夏。红色的大野鸭纷纷在树洞和土穴里孵出小鸭。这些小家伙已经从窝里出来，在水里嬉戏了。

远东广播电台

我们这里的狗已不再冬眠了。

是的，是的，你们没有听错，我们说的正是狗，而不是熊、旱獭和獾。你们以为狗从来都不冬眠吧？而我们这里的狗就是要冬眠的。

我们这里有一种特别的狗——貉子。它们的体形比狐狸小，腿短，毛色棕黄，又密又长，披散开去，连耳朵都看不见了。冬天里，它们就像獾一样，躲进洞里睡大觉去了。现在它们已经醒过来，开始捕捉老鼠和鱼了。

也有人称貉子为浣熊狗，因为它们长得很像小型的美洲熊——浣熊。

南部沿海的人们开始捕一种身子扁扁的鱼——比目鱼。在乌苏里边区茂密的原始森林里，虎崽已出生，小眼睛能睁开了。

我们天天都盼着一种"旅行的"鱼（指洄游的鱼）快快从海洋来到我们这里的河流，它们是来这里产卵的。

西乌克兰广播电台

我们正在播种小麦。

白鹳已从非洲南部飞回来了。我们欢迎它们在我们家的屋顶上安家，于是便搬来很沉的旧车轮子，放在上面供它们做窝。

现在白鹳纷纷衔来粗细不一的树枝，放到车轮里做窝。

我们的养蜂人正担心金黄色的蜂虎鸟光临，因为这种体态优雅、毛色华丽的小鸟最喜欢吃蜂蜜。

请收听！请收听！

冻土带、亚马尔半岛广播电台

我们这里还是不折不扣的冬天，丝毫嗅不到春天的气息。

一群来自北方的鹿正在用蹄爪扒开积雪，踩碎冰层，寻找苔藓充饥。

到时候还有乌鸦飞到我们这儿来！到了4月7日，我们就要欢庆"沃恩加－亚利节"，也就是乌鸦节了。我们这里的春天是从乌鸦飞来的那天开始算起的，就好像你们列宁格勒的春天是从白嘴鸦到来那天开始算起一样。可我们这里压根儿就没有白嘴鸦。

新西伯利亚原始森林广播电台

我们这儿的情况跟你们列宁格勒郊区差不多：你们不是也地处原始森林带吗？我们全国广大地区无不覆盖这种针叶林和混合林带。

我们这儿夏天才有白嘴鸦，而春天是从寒鸦飞来那天算起的。寒鸦都不在我们这儿越冬，但它们是春天最早飞回我们这儿的鸟类。

我们这儿的春天来也匆匆，去也匆匆。

外贝加尔草原广播电台

一大群粗脖子的羚羊——黄羊已纷纷南下，离开这里向蒙古迁徙。

最初的融雪对它们来说，是场不折不扣的大灾难。因为白天融化了的雪到了严寒的夜晚又结成了冰。一马平川的草原简直成了大溜冰场了。黄羊平滑的骨质蹄子踩在冰面上，就像踩在镜面上，四蹄撑不住就会打滑摔倒。

不过，这种羚羊跑起来快步如飞，这才保住了自己的性命。

这时候，在冰冻无雪的春季里，有多少黄羊命丧恶狼和其他猛兽之口！

高加索山区广播电台

我们这里的春天自下而上向冬天发起了攻击。

高山顶上还是大雪纷飞，而山下的谷地则下着春雨。溪流奔腾，第一次春汛来了。河水暴涨，漫过河岸，汹涌着向海洋奔腾而去，一路上摧枯拉朽（摧折枯草朽木，比喻迅速摧毁腐朽势力），所向披靡。

山下谷地里百花盛开，枝叶繁茂。阳光充沛而暖和的南部山坡上的新绿渐渐自下而上向山上发展。

随着绿意渐浓，高处飞过一群群鸟儿，山下啮齿类和食草类动物的活动地盘跟着向上扩展。野狼、狐狸、野欧林猫，以及威胁到人类安全的雪豹相继出来捕捉貉、兔、鹿、绵羊和山羊。

寒冬退到了山顶。春天尾随而至。一切生物也伴随春天纷纷向山上发展。

请收听！请收听！

北冰洋广播电台

海洋上的冰块和整片整片的冰原向我们漂移过来。冰上躺着海豹——两肋乌黑的浅灰色海兽。这就是格陵兰母海豹。它们就在这里，在这寒冷的冰面上产崽，产下毛茸茸、白如雪的黑鼻子黑眼睛的小海豹。

小海豹出生很久以后才能下水，此前很长一段时间只得躺在冰面上，因为它们还不会游泳。

黑脸孔、黑腰的格陵兰老海豹已爬上冰面，蜕下一身短而硬的浅黄色粗毛。它们也得躺在冰上漂流一段时间，把毛换完。

这时候，一些乘着飞机的侦察员正在整个海洋上空到处侦察，摸清冰原上哪里有拖男带女的母海豹，哪里又躺着换毛的公海豹。

侦察回来之后，他们要向轮船的船长报告，哪里有大群大群密集的海兽——多得连身下的冰雪也看不见了。

载着猎人的特种船只穿行在冰原间，绕来绕去，好不容易到了这里——他们是来猎海豹的。

黑海广播电台

我们这里没有本地的海豹，看见海豹的机会千载难逢。这里的海豹从水里露出的只是黑黑的长背脊——足有3米长——但很快就不见了。它们是从地中海经过博斯普鲁斯海峡偶然游到我们这儿来的海豹。

不过，我们这里有许多别的动物——活泼可爱的海豚。现在这时候，巴统市附近正是猎获海豚的旺节。

猎人们坐着小汽艇出海。只要看见哪里有四面八方飞来的海鸥聚在一起，哪里一定有大群的海豚。因为那里聚着一群群小鱼，海豚和海鸥正是被它们所吸引的。

海豚很贪玩，像马爱在草地上打滚，它们也喜欢在海面上翻腾，要不就是一个挨一个跃出水面，翻几个跟斗。这时候可不能靠近并射击，是打不中的。要到它们聚在一起、大口大口吞食的地方去。这时候小艇停在离它们10~15米的地方，它们也不在乎。要做到眼明手快，立刻把击中的猎物拖到艇上来，不然死海豚很快就会沉下去找不到了。

里海广播电台

我们的北方会结冰，所以这里也有很多很多海豹。

不过，这里的白海豹崽已经长大，都换过毛了——先变成深灰色，后来换成了蓝灰色。海豹妈妈越来越少从圆形冰穴里钻出来，因为它们忙着利用最后的机会给子女喂足奶水。

海豹妈妈开始换毛了。它们得游到别的冰块上，那里躺着大群大群的公海豹，母海豹要与公海豹一起换毛。身下的冰在融化，破裂。海豹只好到岸上去，最终在沙洲和沙滩上换好毛。

这里的洄游鱼：里海鲱鱼、鲟鱼、欧鳇，以及其他种种鱼，从海洋的四面八方聚在一起，成群结队，密密麻麻，涌向伏尔加河和乌拉尔河河口，等待这两条河的上游解冻。

到那时候，它们就忙乎起来了：它们成群结队，挤挤挨挨，溯流而上，到自己从鱼卵里孵出来时的地方去产卵——在这两条河遥远的北方，在大大小小的支流小溪里。

在整条伏尔加河、卡马河、奥卡河和乌拉尔河及支流里，上下游，渔民处处布下网具，捕捉这些不惜一切代价急着回家的鱼。

波罗的海广播电台

我们这里的渔民也准备就绪，去捕捉黍鲱鱼、鲱鱼和鳕鱼。等芬兰湾和里加湾的冰融化后，他们就要捕欧白鲑鱼、胡瓜鱼和鲑鳟鱼了。

我们这里的港口在相继解冻，轮船纷纷离港远航了。

世界各地的船只也来这里停泊。冬天就要过去，波罗的海正迎来大好时光。

请收听！请收听！

中亚沙漠广播电台

我们这里也有快快乐乐的春天。春雨绵绵，还不到非常热的时候。处处碧草如茵，连沙地上也冒出青草来，真不知道如此茂盛的草是怎么来的。

灌木已是绿叶满枝。美美睡了一冬的动物也从地下出来了。屎壳郎和象甲虫飞来了，灌木丛上满是亮晶晶的吉丁虫。蜥蜴、蛇、乌龟、黄鼠、沙鼠和跳鼠也从深深的洞穴里爬了出来。

大黑秃鹫成群成群地从山上飞下来，捕捉乌龟。

秃鹫善于利用自己又弯又长的利嘴，把龟壳里的肉啄出来。

来了一班春天的客人，它们是小巧玲珑的沙漠莺，善舞的石䳭和各种各样的云雀：鞑靼（dádá）大雀、小巧的亚洲云雀、黑云雀、白翅雀、凤头雀。空中回荡着它们的歌声。

明媚而温馨的春天里，连沙漠里也是生机盎然的，那里活跃着多少生命！

我们的第一次全国无线电广播就此结束。

6月22日再见。

射靶：竞赛一

1. 按照森林年历，春季是哪天开始的？

2. 什么样的雪融得更快——干净的雪，还是肮脏的雪？

3. 为什么春天不能猎捕毛皮兽？

4. 春天里先出现的是蝙蝠还是飞虫？

5. 在我们这里，春天什么花儿最先开放？

6. 春天里哪种鸟儿的羽毛变色最明显？

7. 白兔在什么时候最容易被发现？

8. 刚出生的兔子能看得见东西吗？

9. 这里画着两棵在不同环境里生长的松树，请指出哪棵长在密林中，哪棵长在旷野里。

10. 我们这里最小的兽类是什么？

11. 我们这里最小的鸟儿是什么鸟儿？

12. 这里有三种不同的鸟喙。其中一种是吃昆虫的，另一种是吃谷物和浆果的，还有一种是吃小兽和鸟类的。请判明，哪种鸟喙是吃什么的。

图1   图2   图3

13. 我们这里哪种鸣禽雄鸟是黄色的，雌鸟是绿色的？

14. 这里的一棵树，中部的树皮被兔子啃光了。兔子怎么会啃光这么高的树皮？兔子为什么不从低处，从根部开始啃？

15. 一年中哪两天太阳在天空停留整整12小时？

16. 什么东西是顶朝下生长的？

17. 炉子不生火，不用烧柴火，照样暖和和。（谜语）

18. 飞时不作声，坐时不作声，死后化作水，轰隆发出声。（谜语）

19. 拉车的马儿向前跑，车辙却要留下来。（谜语）

20. 有个老妈妈，冬天盖白被，春天穿花衣。（谜语）

21. 冬天给人温暖，春天换身变体，夏天没了踪影，秋天快要新生再现。（谜语）

22. 什么日子的过去是昨天，跟着的是明天？

23. 不是树，长满杈。（谜语）

公告：征房启事

独立小屋，牢固的木板打造，木板厚度不小于2厘米，房高32厘米，面积为15×15平方厘米。入口（巢门）高5厘米，距地面23厘米，房向面南。我们已经飞达。

椋鸟启

斜挂小屋，房内面积为12×12平方厘米，门宽4厘米。

我们不日即将到达。

白腹鹟及红尾鸲启

内有3个房间的房子。总面积为12×36平方厘米。门开在屋檐下4厘米处。

我们于5月到达。

雨燕启

木板房高11厘米，面积为11×11平方厘米，巢门4厘米，离地面7厘米。

我们已在这里了。

白鹡鸰启

我们5月到达。

斑鹟启

哥伦布俱乐部：第一月

俱乐部成立/名称公告/为什么叫"少年自然界研究工作者"/贺词

《森林报》少年自然界研究小组非凡的发现和历险

春分前夕，户外暴风雪肆虐，小巷里响彻声声凄厉的呼啸声，湿漉漉的雪花噼噼啪啪敲打着窗户。路人迎着潮湿的寒风低低地垂下头，弯着腰，双手紧紧抓住了高高耸起的领子。已是黄昏时分。

在《森林报》明亮暖和的编辑部里，一只黄灿灿、小巧玲珑的小鸟唱起了歌。窗子上挂着鸟笼，笼中那只小鸟婉转华丽的歌声不绝，频频欢迎少年驻林地记者的到来，仿佛盼着来客这就过来，还它久久失去的自由。

来集会的是些高年级学生——《森林报》少年自然界研究小组的成员。来客共有11人。一番交谈之后，与会者庄严宣布哥伦布俱乐部成立。

这名称是这几个少年自己取的。

之所以叫"俱乐部"，是因为这是这一小组成员利用课余的时间，自愿成立的组织；说它是少年"哥伦布"，是因为小组的所有成员不是新土地的第一批发现者，就是愿意成为发现者的人。

有人会问：我们的国家早已得到开发，再没有不可知的领域，哪里还有哥伦布发明家们的用武之地？

"不对！"哥伦布俱乐部成员们异口同声地回答道，"重要的不是发现了什么，而是谁发现的，为谁发现。"

譬如说，克里斯托弗·哥伦布发现了美洲。他是意大利人，却为西班牙效忠——他是旧大陆的居民，就旧大陆而言，他发现的是新大陆——美洲。而对美洲的老居住者——印第安人来说，美洲始终是一个旧大陆，哥伦布发现美洲之后的美洲，丝毫没有变新。反之，在他们的眼中，我们这个旧大陆倒是个不折不扣的未知新大陆。

就有这么一班乏味无趣的人，在他们心目中，一切新事物无非是老一套，而在我们看来，旧东西里也有新意。在我们的国家里，不管你已有多少发现，绝不可能再也没有可发现的了。如果说，长期待在一个地方，久而久之，一切都司空见惯，失去了兴趣，仿佛再无新意可言，可在我们求知欲旺盛的少年眼中，在我们好奇的少年耳中，我们的祖国是一个完全崭新的、充满奇迹的、谜一般的国家。对我们来说，一切都是新奇的、美妙的——处处有秘密，因而我们才是这块土地上真正的哥伦布。

还有一个问题得说说：为什么这个小组叫作"少年自然界研究者"呢？

很简单！只要你随便去一个少年自然界研究小组的房间，你就会看到，那里摆放着一笼笼鸟儿，一笼笼小兽，一缸缸鱼，一箱箱蜥蜴和蛇，一箱箱昆虫，一盆盆鲜花，甚至可能还有一温室的蔬菜呢。少年自然界研究者照料动物，对植物做米丘林式的试验，栽培巨型的蔬菜和水果，在生物角，在专门的实验室，在菜地和花园里埋头苦干。少年自然界研究者就是年轻的农学家、动物学家和园艺学家。

这一切非常有趣，非常有益，非常必要。但这只是他们工作的一部分。另一部分可以说是研究，是对在自然环境下的田野和森林中，而不是在笼子里或实验室里生活的野生动植物进行登记造册，然后做深入的研究。

我们的小组隶属于《森林报》，因而到森林里去工作是我们首要的任务：以求知的目光，对自然条件下动植物的生命、森林与野生特性进行观察和研究。总之，我们这些自然界研究者是求知者，是探索者。

就在俱乐部第一次会议上，大家做出了决定，学期结束后我们全体组员立即坐车前往"熊角"（指十分偏远的地方）去，以科学的，甚至是艺术的目光进行考察。原来在哥伦布俱乐部里有一位女画家，一位诗人。我们也做出决议，下次会议上在地图上挑选出一个探险的地方，并制订好详细的工作计划。有关未来一切的新发现都将向《森林报》报告。

初出茅庐的少年哥伦布们对自己即将开始之旅充满了幻想，兴奋之余，觉得非要买来冰激凌，痛快地吃上一顿，再喝上一通茶，以示庆祝。

一头金发的米兰奇卡和乐天的沃洛佳自告奋勇去买雪糕。可是这样的暴风雪天，哪能轻易找到卖雪糕的地方。电炉上的茶已经滚了。人见人爱的雷莫奇卡和活泼好动的多拉，以及好幻想的、丰满的莲列奇卡在编辑部的桌子上摆上了糖块、杯子和盘子。在性急的猎人尼古拉存心挑逗下，他与文文静静的大力士安德烈为列宁格勒附近哪里是最理想的"熊角"而争论不休，结果两个人就找自己的领导人，刚当选的俱乐部主任做裁判。可去买雪糕的两个人还是迟迟没有回来。

贪甜食的小胖子帕甫罗沙在一片吵闹声中打起瞌睡来了。年轻的诗人斯拉维米尔构思好了整整一节五行诗，眼明手快的女画家西格里德动手画下俱乐部所有成员的像，就在这时候，米兰奇卡和沃洛佳，脸冻得红通通的，终于跑了进来——宴会就此开始了。

大家纷纷起立。一头红发的诗人斯拉维米尔，同学们管他叫"斯拉夫·雷日戈洛夫卡"，他坚持说自己和鸣声如长笛的黑头莺是同宗，他朗读起自己的五行诗，作为贺词：

> 万岁，少年哥伦布，
> 不朽的新大陆！
> 欢迎它，欢迎它到来！
> 求知的眼睛和耳朵，
> 好好爱护，百年不多！

大家相互祝贺一通之后，便享用起热烘烘的茶点和冷冰冰的雪糕。

哥伦布俱乐部第一次会议由此落下帷幕。

候鸟回乡月

（春二月）

4 月 21 日至 5 月 20 日　　太阳进入金牛座

一年——分12个月谱写的太阳诗章

4月——积雪消融了！4月还没有苏醒过来，就刮起了风，暖和的天气将如期到来。等着瞧吧，那将是什么景象！

这个月里，涓涓细流从山上淌下来，欢快的鱼跃出水面。春天把大地从雪下解放出来，又承担起另一个使命：让水摆脱冰层的桎梏（zhìgù，脚镣和手铐，比喻束缚人或事物的东西），争得自由之身。条条融雪汇成的溪流悄悄投奔大河，河水上涨，挣脱冰的羁绊。春水潺潺，在谷地里泛滥开来。

土地饮饱了春水，喝足了温暖的雨水，披上绿装，上面点缀着朵朵色彩斑斓、娇艳的雪花。但森林还没有绿意，静待着春天的赐予。树木中的浆液已悄悄流动，枝干竞相吐露嫩芽，地上和凌空的枝条上花朵纷纷开放。

候鸟万里大迁徙

鸟儿从越冬地如滚滚波涛一般，成群结队飞向故地，秩序井然。

今年候鸟飞回到我们这儿，飞行的路线和队列的排序一如从前，几千年、几万年、几十万年始终如一。

最先启程的是去年秋天最后离开我们的那些鸟儿，而最后出发的便是去年秋天最先离开的那批。晚来的是那些羽毛绚丽多彩的鸟儿。它们要等到叶绿的时候才姗姗飞来。因为在光秃秃的大地和树木上，它们特别显眼，所以这时候还难以躲避猛禽、猛兽的侵害。

有一条鸟儿从海上过来的路线恰好从我们的城市和列宁格勒州上空经过。这条空中路线被称为"波罗的海航线"。

"波罗的海航线"一端紧靠阴沉沉的北冰洋，另一端隐没在百花盛开、阳光灿烂、天气炎热的国度。一眼望不到边的海鸟和近岸鸟，各有各的阵列，各有各的次序，成员数不胜数，从空中浩浩荡荡飞过，它们沿非洲海岸，经地中海，过比利牛斯半岛沿岸，越比斯开湾，再过一个个海峡、北海和波罗的海飞到了这里。

迁徙途中，它们克服了千难万险。有时候，这些带翅膀的异乡客会遇到重重浓雾阻挡，它们会无助地陷入湿气浓厚的迷魂阵中，分不清天南地北，难免一头撞到尖利的悬崖峭壁上，落得粉身碎骨的悲惨下场。

海上的风暴会折断它们的羽毛和翅膀，吹得它们远离海岸，孤苦无依。

突如其来的寒流使海水结冰，鸟儿也因饥寒交迫而丧生。

千千万万的飞鸟成了鹰、隼、鹞这些贪婪猛禽的口中之物。

这个季节，在万里海洋的大征途上，聚集了大量的猛禽，它们享受一顿顿丰美而唾手可得的大餐。

更有成千上万只候鸟死于猎人的枪口之下。（本期《森林报》就刊登了一个在列宁格勒近郊捕猎野鸭的故事。）

但什么也挡不住一大群密密麻麻的漂泊者前进的脚步，它们穿越重重迷雾，排除千难万阻，飞回故乡，飞回自己的巢穴。

我们这里并非所有的候鸟都在非洲越冬，然后按"波罗的海航线"飞行。飞到我们这儿的也有来自印度的候鸟。扁嘴瓣蹼（pǔ）鹬越冬的地方更远，远在美洲。它们急匆匆地飞过整个亚洲才到我们这儿。从越冬地到自己在阿尔汉格尔斯克郊外的巢穴足有15 000千米的路程，前后要花去两个月的时间。

戴脚环的鸟儿

要是你打死了一只鸟儿，它的脚上戴着金属环，那就请你把脚环取下来，寄到鸟类脚环管理处，地址是：莫斯科K-9，赫尔岑大街6号。同时附上一封信，说明你打死这只鸟儿的时间和地点吧。

要是你捕获一只戴脚环的鸟儿，请记下脚环上的字母和编号，然后把鸟儿放归自然，并按上述地址把你的发现告诉我们。

要是打死或捕获鸟儿的不是你，而是你熟悉的猎人或别的捕鸟人，请你告诉他该怎么办。

鸟脚上的轻金属（铝）环是有人特意给鸟儿戴上去的。环上的字母表示的是给鸟儿戴环的国家和机构。脚环上的那些编号也记在研究人员的记事本里，那些数字就代表他给鸟儿戴环的时间和地点。

这样一来，研究人员就会了解到鸟类惊人的生活秘密。

我们这里，在遥远的北方某地，也给鸟儿戴脚环，这些鸟儿可能会碰巧落到南部非洲或印度人的手中。他们会从那里寄来鸟儿的脚环。

况且并非所有从我们这里飞出去越冬的鸟儿都是往南去的，有的飞向西方，有的飞向东方，也有飞向北方的。鸟儿的这一秘密都是通过我们给鸟儿戴环的办法而了解到的。

伴随着候鸟的回乡，林中的动植物也苏醒了。长吻蚨蝶在黄花柳的花儿上翩翩起舞，水塘也变得活跃起来，开花的植物、罕见的小动物和白色的寒鸦都那么让人感到好奇。是的，和上个月相比，林中又发生了翻天覆地的变化。

林间纪事

道路泥泞时节

城外一片泥泞，林子和村子里的道路再也走不了雪橇和马车了。我们好不容易才得到林中的消息。

雪下露出的浆果

林子的沼泽地里，从雪下露出了酸果蔓。乡下的孩子常去采摘，据说越冬的浆果比新长的还要甜哩。

为昆虫而生的圣诞树

黄花柳的花儿开得正旺。它满树满枝全是小巧而亮晶晶的黄色小球，连那灰绿色的多节疤枝条都看不到了，整株树出落得毛蓬蓬、轻飘飘的，一副喜气洋洋的样子。

柳树一开花儿，昆虫简直在过大节。盛装打扮的柳树丛周围——就像是圣诞树四周一样——呈现出一片闹哄哄、喜洋洋的景象。熊蜂嗡嗡声不绝于耳，苍蝇没头没脑地四处乱闯乱撞，实干家蜜蜂在雄蕊上忙忙碌碌，采集花粉。

粉蝶在翩翩起舞。瞧，这边是有锯齿状翅膀的黄蝶儿，那边是有棕红色大眼睛的荨麻蛱蝶。

瞧，一只长吻蛱蝶落在毛茸茸的小黄球上，它那深色的翅膀把小黄球完全遮盖起来。它伸出长长的吻管，深深地插到雄蕊间，美滋滋地吮吸花蜜。

紧挨着这株一派节日气氛的灌木丛旁，还有一株树，也是黄柳，也在开着花儿。可这花儿完全是另一种模样：都是些丑陋的、乱蓬蓬的灰绿色小球，上面也停着昆虫，可这株灌木四周却不见像邻近那株那般生气勃勃的景象。

不过，偏是这株黄柳的种子正在成熟。原来昆虫已经把黏糊糊的花粉从黄色小球上带到了灰绿色的小球上。种子将会在小球内，在每一个瓶子状的长长雌蕊内部生长出来。

H. M. 帕甫洛娃

和盛装打扮的柳树相比，这一株黄柳的花儿虽然丑陋，但它的种子正在成熟。这验证了一个道理：不可只根据外表进行判断，要深入了解，才会看到背后的真理。

荑黄花序

在大江、小溪岸边和林地边缘地带，荑黄花序已经开放。它们不是开在刚解冻的土壤里，而是挂在被春天的阳光晒得暖和的树枝上。

如今，点缀在赤杨和榛树上那一串串浅棕色小穗就是荑黄花序。

它们早在头一年就长出来了，但冬天里，它们

变得结结实实，按兵不动，到了春天，它们就舒展开来，蓬松而富有弹性。

只要摇动树枝，黄色的花粉就会像轻烟似的洋洋洒洒飞扬起来。

但是赤杨和榛树上，除了轻扬的花序，还有其他的花儿——雌花。赤杨上是褐色的小球，而榛树上是粗壮的花蕾，里面伸出一根根粉红色的细须，初看像藏在花蕾里昆虫的触须，实际上是雌花的柱头。每一朵雌花都有两三个花柱，偶尔也有五个的。

这时候，赤杨和榛树还没长叶子，风在光秃秃的树枝间通行无阻，吹得荣葜花序东倒西斜，把花粉从一株树送到了另一株树。粉红色细须般的柱头接住了花粉，这些怪模怪样的硬毛似的雌花就这样受精了，一到秋天便变成了榛子。

赤杨树的雌花也受精，秋天结出藏着种子的小黑果球。

H. M. 帕甫洛娃

蝰蛇的日光浴

我们都知道蛇是冷血动物。查阅相关资料，了解蛇为什么在晒太阳之后才能恢复生机。

每天早晨，有毒的蝰蛇会爬到干枯的树墩上晒太阳。它爬起来还非常吃力，因为在大冷天，体内的血液还是很凉很凉的。蝰蛇晒了太阳之后，慢慢地恢复了生机，便出去捕猎鼠类和青蛙。

蚁窝动了

我们在一株云杉下找到了一个蚁窝，开始时以为这只是一堆垃圾和枯叶，看不出是蚂蚁的城池。因为这里见不到一只蚂蚁。

现在上面的雪已经融化，蚂蚁从窝里出来晒太阳了。经过漫长的冬眠之后，它们个个都虚弱不堪，缩成了一个个黑团，躺在窝上。

我们用一根小棍儿轻轻拨弄一下，它们才不情愿地动弹了几下，甚至连释放刺激性蚁酸攻击我们的力气也没有。

几天之后它们才开始劳作。

> 简短、生动的文字描绘出早春时节蚂蚁虚弱、慵懒的真实状态。

还有谁也苏醒了？

蝙蝠、各种甲虫——扁平的步行虫、圆滚滚的黑色屎壳郎、叩头虫，它们也苏醒过来了。快来看叩头虫变戏法吧：只要把它仰天平放在地上，它就会把头向下一磕，吧嗒一声弹起来，凌空翻个跟斗，落下来足部就着地了。

蒲公英开花了，白桦树也裹上绿色的轻纱，眼看着就要吐出新叶来了。

第一场春雨后，泥土里钻出粉红色的蚯蚓，初生的蘑菇——羊肚菌和鹿花菌也露头了。

水塘里

水塘活跃起来了。青蛙离开淤泥中水藻做的冬眠床榻，产完卵后，跳到岸上来。

蝾螈（róngyuán）恰恰相反，这时候它刚从岸上回到水中。

我们这里，列宁格勒郊外的孩子们管蝾螈叫"哈里同"，它黑中带橙，有尾巴，说它像青蛙，倒不如说它更像蜥蜴。冬天里，它爬出水塘，来到森林中，躲在潮湿的苔藓下冬眠。

癞蛤蟆也醒过来产卵了。青蛙的卵像小泡泡，凝成黏胶状的团团，漂在水中，每个小泡泡里有个黑圆点。癞蛤蟆的卵可不一样，全都连成一串，像条细带子一样附在水底的水草上。

林中清洁工

冬天常出现冰冻天，鸟类和小兽就会因突如其来的严寒冻死，尸体被雪掩盖起来。春天一来，它们就暴露出来。这些尸体不会长久待在那里，很快就被熊、狼、乌鸦、喜鹊、葬甲虫、蚂蚁，以及其他的林中清洁工收拾走。

它们是春花植物吗？

这时候能找到许许多多开花的植物：三色堇（jǐn）、芥菜、遏蓝菜、繁缕、洋甘菊等。

可别认为这些草本植物都跟雪花莲一样，是从土里钻出来的哦。要说雪花莲，它先是慢慢地把一条绿色的小腿儿伸出一点点，再使尽全身小小的力气，探出身子来，只有到了这时候，它的花儿才露面。

三色堇、芥菜、遏蓝菜、繁缕和洋甘菊压根儿没去哪里越冬。它们用怒放的鲜花来迎接冬天。一旦它们的头顶不再是白雪，而是一片蓝天，它们就苏醒过来，花朵和蓓蕾又焕发出勃勃生机。

正是上一年深秋见到的那些蓓蕾，这时候在草丛里摇身一变，成了花朵，望着我们哩。

你觉得能把它们看作是春天开花的植物吗？

Н. М. 帕甫洛娃

白色寒鸦

在小雅里奇基村的学校旁边，栖息着一只白色寒鸦。它总是和一群普通的寒鸦结伴飞行。就是上了年纪的老人也没见过这样的白寒鸦。我们这些小学生也不知道，为什么会有白色的寒鸦。

驻林地记者　小学生波里娅·西妮曾娜、盖拉·马斯洛夫

编辑部解释

常见的飞禽走兽有时会产下全白的雏鸟和兽崽。

科学家把这种动物称为白化病患者。

白化病可分为全白和局部白两种。这是因为它们体内缺少一种染色体——色素。正是这种物质使羽毛和兽皮变换出种种颜色来。

有多种家禽和家里常见的动物体内可能就缺乏这种色素，比如白兔子、白鸡、白鼠。

患白化病的野生动物并不常见。

患白化病的动物一般很难存活下来。它们通常在幼小的时候就夭折了，就算侥幸存活下来，一生也往往受到整个族群的迫害和追杀。即使像小雅里奇基村的白寒鸦那样，为自己亲属所接纳，成了族群中的一员，也很难长命，因为它在族群中很显眼，特别容易引起猛禽的注意。

罕见的小动物

林子里传来一声啄木鸟大声的尖叫，叫得尖锐而急促，一听就知道，它这是大难临头了！

我赶紧穿过密林，一眼就看见空地上有棵枯树，树上有个整整齐齐的树洞——那是啄木鸟的窝。只见一只古里古怪的动物沿着树干悄悄地向鸟窝爬过去。我并不知道，这到底是什么样的动物！毛色灰灰的，短尾巴上的毛稀稀拉拉，耳朵像小熊崽，又小又圆，一双眼睛却像猛禽，大大的，鼓了出来。

这动物到了鸟窝跟前，往里瞧了瞧，明摆着是想掏鸟蛋吃……啄木鸟见状猛扑过去！小动物闪到树干后面。啄木鸟追了过去。小动物围着树干转，啄木鸟也跟着打起转来，紧追不放。

小动物转着、转着，越爬越高，再爬上去就是树梢，无路可逃了！终于，它被啄木鸟狠狠啄了一口！小家伙纵身一跳，落在半空中！

只见它伸开四只小爪，飘在空中，就像一片秋天的槭（qì）树叶。它的身体微微地左右摇晃着，尾巴像船舵一样控制着方向，飞过空地后，落到了一根树枝上。

一见这情景我这才想到，原来这是鼯（wú）鼠，一种会飞的灰鼠！鼯鼠的两肋长有皮膜。它只要蹬开四腿，张开皮膜，就能飞起来。好一个林中的跳伞员！可惜的是，这种小动物太罕见了。

驻林地记者　斯拉德科夫

春天不是一成不变的，它偶尔也会变脸，变得不那么柔情。随着气温升高，冰雪不断地消融，有些地方洪水暴发。面对灾难，许多小动物也开始各显神通，踏上了逃亡之旅，它们会经历什么呢？

鸟邮快信

本报驻林地记者

洪　水

春天给森林居民带来许多灾祸。积雪迅速融化，河水暴涨，淹没了堤岸。一些地方洪水泛滥。各地纷纷给我们发来动物受灾的消息。灾难面前，兔子、鼹鼠、田鼠及其他生活在田野上和地下洞穴里的小动物最倒霉。水灌进了它们的窝，它们只好背井离乡，逃离家园。

动物们各显神通，进行自救。

小个子鼩鼱跳离洞穴，爬上灌木丛，坐等洪水退去。它饿得不行，一副可怜巴巴的模样。

洪水漫上河岸，待在地下的鼹鼠差点儿被憋死。它爬出地下洞穴，钻出水面，游了起来，想找个干燥的地方。

鼹鼠是游泳高手，爬上岸前，能游过好几十米。游在水面上，它那乌黑发亮的皮毛居然没有被猛禽发现，这令它好不得意。

上了岸，它又顺顺当当钻进了地下。

树上的兔子

兔子遭殃了。

兔子原来住在一条大河中央的岛上。夜晚它啃吃幼小的山杨树皮，白天躲在灌木丛中。这是一只幼小而不太机灵的兔子。它压根儿没觉察到四周河水正哗啦哗啦冲刷掉岛上的冰。

这天，兔子高枕无忧地待在灌木丛中睡大觉。阳光照得它暖洋洋的，这只斜眼的家伙没有发现，河水迅速涨高，直到身下的皮毛浸湿了，它才醒过来。它一骨碌跳了起来，这才发现周围全是水了。

发大水了。还好水只漫到爪子，它便蹿到了岛中央，那儿还是干的。

可河水涨得很快。小岛变得越来越小，兔子东躲西逃，眼看小岛很快就要被水吞没了，自己又没有胆量跳进冰冷湍急的河水里——它可游不过这样波涛汹涌的河面。

就这样，兔子苦等苦熬了一天一夜。

第二天清晨，水里露出一小块干地，上面长着一株树，粗粗的树干弯弯扭扭，吓得六神无主的兔子围着树干直打转转。

第三天，洪水已涨到树下了。兔子开始往树上跳，可跳了好几次，都没成功，反而跌落到水里，溅起了一阵哗啦哗啦的水花。

最后，它终于跳上树干最低处的一根树枝上。兔子趴在上面，苦等洪水退去，它发现水已不再涨了。

兔子倒不愁挨饿，因为老树皮虽然又硬又苦，但还是可以充饥的。

最可怕的是风。大风一来，树干就摇晃起来，兔子好不容易才稳住了身子。这时候的它，就好比船上爬上桅杆的水手，身下的树枝就像船上的横桁似的摇摆不定，下面奔流着的是又冷又深的洪水。

身下宽广的水面上漂着的是树木、树枝、枯草、麦秸和动物的尸体。

可怜的兔子，看见另一只兔子在波涛里慢慢从它身旁摇摇晃晃地漂过去，吓得浑身哆嗦起来。

那只兔子的爪子被树枝缠住，现在只能肚皮朝天，伸出四条腿，随波逐流。

兔子在树上苦熬了三天。

洪水终于偃旗息鼓，退了下去，兔子又回到地面。

现在它还得待在河中岛上，一直要待到炎热的夏天，到时候河水变浅，它就能回到岸上去了。

小船上的松鼠

春水淹没了草地，渔夫在里面张起了网，捕捉鳊（biān）鱼。他划着小船，在半泡在水里的灌木丛间慢慢穿行。

在一丛灌木上，他看见一只稀奇古怪的淡棕色蘑菇。冷不防这蘑菇跳了起来，径直向渔夫跳去，落进了小船。

刹那间，蘑菇摇身一变，成了一只湿漉漉、毛蓬蓬的松鼠。

渔夫把松鼠带到了岸边。它立马从船里跳了出来，蹿进了林子。谁也不知道它怎么会落到水中的灌木上，也没人知道它在上面待了多久。

鸟儿的日子也艰难

洪水对飞禽来说，当然并不那么可怕，可它们也因为春汛吃够了苦头。

淡黄色的鹂鸟的窝做在大水沟的岸边，已产下了蛋。大水一来，冲走了窝，带走了蛋。黄鹂只好另外选个地方做窝了。

沙锥停在树上，等呀等，就是等不到春汛结束的日子。沙锥属鹬类，生活在林中湿地里，靠自己长长的喙从松软的泥土里找东西吃。它的腿很适合在泥地上行走,而它在树枝上走起来,好比狗站在木桩围墙上那样难受。

不过它还是待在树上,盼着日后能行走在软软的湿地上,用喙啄出几个洞洞来。它可不能离开自己亲爱的湿地!所有的地方都有主了,别的湿地上的沙锥是不会让它落脚的。

意想不到的猎物

我们的一位驻林地记者是名猎人,一天,他悄悄地向待在湖中灌木丛后面的野鸭摸过去。他穿着高筒靴,蹑手蹑脚,小心翼翼。漫到岸上的湖水已深及他的膝盖。

突然,他听到前方灌木丛后面传来响声——是拍水声,接着看见一个灰色、背脊又长又光滑的怪物,正在浅水里挣扎。他没有多想,便对这个怪物连打了两发打野鸭的霰弹。

灌木丛后面的水哗哗地响了起来,还泛起了泡沫,接着又悄无声息了。猎人走近一看,发现一条被他打死的梭子鱼,足有一米半长。

这个季节,梭子鱼都要离开河流和湖泊,到被春水淹没的岸上,在那里的草上产卵。这一带的浅水暖和,日后刚孵出来的小梭子鱼就能随退走的水进入湖泊和河流中。

猎人不知道这一情况,否则就不会违法捕杀梭子鱼了。有关法规禁止人们春季捕杀到岸上来产卵的鱼类,即使是梭子鱼或其他凶猛的鱼类也不例外。

最后的冰块

小河上有一条冬季车道。所谓冬季车道,指的是庄员乘坐雪橇通行的路。春天来了,河上的冰鼓起来,开裂了。于是车道裂成一块块碎冰块，摇摇晃晃，随着流水向下游漂去。

其中有一块冰很脏，满是马粪、雪橇的辙迹和马蹄印。冰块的中央还有只马掌上的钉子。

开始时，冰块沿河床漂。两岸飞来白色的鹡鸰，落在冰块上捕食苍蝇。

后来河水漫上河岸，冰块被冲到了草地上。冰块下有一起漂来的鱼类，在水淹的草地上游荡。

有一次，冰块旁钻出了一只没眼睛的深色小动物，爬了上来。来客是鼹鼠。水淹草地，它待在地下憋得慌，便游到水面上吸口气。后来冰块的一边被干燥的小土丘挂住，鼹鼠便跳上小丘，利索地挖洞钻进了地下。

冰块越漂越远，最后进了森林。它撞上一个树桩，卡住了。树桩上聚着整整一群饱受洪灾之苦的陆生小动物：林中老鼠和小兔子。大家都遭灾受难，个个都面临着死亡的威胁。小动物又冷又怕，身子哆哆嗦嗦，彼此紧紧挨在一起。

不过洪水迅速退去，阳光融化了冰块，上面只留下那只马掌钉，小动物也跳到岸上，各奔东西。

大小江河和湖泊上

小河上漂着密密麻麻的原木段。冬天采伐下来的木材开始成批流送了。小河流入大江和湖泊的地方，木材流送工筑起一道木栅，堵住河口，在那里把木材编成筏，好继续向前流送。

我们州有数百条小河，从密林里流出，其中多条小河流入姆斯塔河，姆斯塔河又流进伊尔门湖，伊尔门湖的湖水又流入宽广的沃尔霍夫河，汇入拉多加湖。最后，拉多加湖的水流入涅瓦河。

冬季，我们州的一些偏远森林里都要采伐木材。到了春季，便要把这些木材运到小河里。就这样，这些被采伐下来的木材先后沿着水上小径、小道和广阔的大路踏上了征途。原木的树干上往往停着木蠹（dù）蛾甲虫，随着木材进了列宁格勒城。

木材流送工都是些见多识广的人。

一位木材流送工给我们讲了这样一个故事。

在一条林间小河岸上，木墩上蹲着一只松鼠。它的两只前爪捧着一颗大大的云杉球果，啃呀啃。

突然，林子里蹿出一只汪汪叫的狗，向松鼠直扑过去。附近没有一株松鼠爬得了的树。松鼠立时丢下松球，毛茸茸的尾巴翘到背上，一蹦一跳，向小河边跑去。狗在后面紧追不舍。

这时节，小河上挤满了木头。松鼠跳上了就近的一根原木，又从那根原木跳到了第二根，再跳上第三根。

狗一气之下，跟着冲了上去。可狗长着的是四条又长又直的腿，哪能在原木上跳跃？所以，水中的木头翻滚起来，狗的后腿一滑，紧跟着前腿也站不稳，跌进了水中。这时候河上正流放来一批木材，一眨眼狗就不见了踪影。

而灵活轻巧的松鼠跳过了一根根原木，最后落到河岸上。

另一名木材流放工看见一只野兽，毛色棕红，个头有两只猫那么大，嘴里叼着一条大鳊鱼，跳上了一根单独流送的粗原木上。

那野兽在木头上坐稳了，不紧不慢地享用起了鱼肉大餐，然后梳理一番皮毛，打了个哈欠，溜进了河里。

那野兽便是河里的水獭。

冬天里鱼都忙什么

冬季，天寒地冻，许多鱼都在睡大觉。

鲫鱼和冬穴鱼打秋天开始就钻进河底的淤泥里去了。鮈（jū）鱼和鲌（bó）鱼躲进水洼的沙底里过冬。鲤鱼和鳊鱼待在长满芦苇的河湾和湖湾里的深坑里熬过冬季。秋天一到，鲟鱼在大河底的沟里，密密麻麻地挤成一堆，以防冬季严寒的侵袭。因为水越深，水底越暖和。

那么几乎不冬眠的鱼是怎么生活的呢？大家看过这期《森林报》就明白了。

上面提到的那几种冬眠的鱼现在已经睡醒了，正忙着产卵呢。

▊成长启示

一条林间小河的岸上，松鼠正被一只狗追着跑。松鼠为了逃过追捕，跳上了小河中的一根原木，但是狗那又长又直的腿根本没办法在原木上跳跃，结果跌进了水中。最终，松鼠借着一根根原木，回到了岸上。松鼠充分利用自己身体的优势，成功逃过了狗的追赶。生活中，我们要学会扬长避短，做事情时要充分借助对自己有利的环境，发挥自己的长处，避开自己的短板。

▊要点思考

1. 如果松鼠一直在河岸上跑，最终会是怎样的结果？

2. 思考一下，松鼠为什么要跳上原木。

河水暴涨对于一些动物来说是灾难，但对于鱼来说却是一件值得庆祝的事情。同样，热爱钓鱼的人就更为之欢呼了，因为他们可以钓到更多的鱼。你知道不同的鱼在什么时候、在什么地方更容易上钩吗？

祝钓钓成功！

有一种古老的习俗，人们对去狩猎的人往往要送上一句话："祝你空手而归！"而对钓鱼的人则说："祝你钓钓成功！"

我们的读者中有不少热衷钓鱼的人。我们不仅祝他钓钓成功，还要提出建议和忠告，告诉他什么鱼、在什么时候、在什么地方容易上钩。

河一开冻，就开始钓江鳕了。钓的时候，饵料蚯蚓要放到河底。池塘和湖泊的冰一融化，就可以钓红鳍（qí）鱼，饵料用水蛾。红鳍鱼喜欢待在岸边的杂草丛中。再过些时间就可用底钩钓圆腹雅罗鱼了。

河水变清后，就可用绞竿和角状捕鱼钩捕活鱼了。

我国著名的捕鱼专家费奥佩尼特·帕拉马诺维奇·库尼洛夫说过："钓鱼的人应该研究鱼类在一年四季不同时间和气候条件下的生活习性，以便在河流或湖岸上选择适当的捕鱼地点。"

春水退去后，被水漫过的堤岸就露出来，河水也开始变清，这时候就可钓梭子鱼、鲤鱼和鳜（guì）鱼了。最佳地点是河口和河岔、浅滩和石堆旁、陡岸和河湾，尤其是岸边被水漫过的树木和灌木附近。在水面平静而狭窄处，把鱼钩抛到河中央，也可以在桥墩下、小船和木筏上垂钓。磨坊的堤坝上——它的两岸或树丛下，深水和浅水都能钓到鱼。

库尼洛夫还说过："带漂子的渔竿，从初春到深秋都适合来钓各种各样的鱼。"

从5月中旬开始，就可以在湖泊和池塘里用红线虫来钓冬穴鱼了。迟些时候，又能钓斜齿鳊、鳜鱼和鲫鱼。岸边的水草里、灌木丛附近和1.5～3米深的河湾都是钓鱼的理想地方。不过，不要在同一个地方逗留过久，否则鱼就不再上钩了。那就要换一个地方，换到另一处灌木或芦苇和牛蒡（二年生草本植物，根和嫩叶可做蔬菜，果实、茎叶和根可入药。蒡，bàng）丛的空隙间——坐在小船里方便一些。

水流平缓的小河里，水一变清，就可以在岸上垂钓了。这时垂钓的理想地方是：陡峭的河岸、水中有残枝树丛的河心小坑旁和岸边有杂草及芦苇的小河湾。

有时候由于河岸泥泞，到处是水，这种小河湾和树丛很难过去。但可以踩在草墩上，或穿上高筒靴走过去，把饵料甩到牛蒡后或芦苇丛里，到时候就会钓到很多鳜鱼和斜齿鳊了。

在岸上钓鱼要仔细选择好地方。找个没人钓过的地方，拨开树丛，从树枝间伸出渔竿，甩出鱼钩。

木头桥墩、小河口、磨坊、堤坝都是钓鱼人理想的角落。这里始终能找到鱼，钓到鱼。

钓大的圆腹雅罗鱼就要用豌豆、蚯蚓和蚂蚱作饵料，在岸上用带漂子或不带漂子的钓竿都可以。

用漂浮法钓鱼的季节是从5月中旬开始，一直延续到9月中旬。

适合用这种方法钓淡水鳜鱼的地方是：大水坑、河流曲折、水流湍急的地方，林中小河水面开阔、水流平缓，河中有被风刮倒的树木的地方，以及岸边有灌木丛的深水潭，堤坝和石滩下面。在石滩和有暗礁的水面可以钓到鲑鱼和茴鱼。

雅罗鱼、银飘鱼及其他小鱼在水流湍急的浅水河或砾石和岩石底的河岔里都可钓到。

一直以来，我们看到的森林都是一派和谐宁静的状态。其实，事实并不全是我们看到的那样，不同的树种之间经常发生"战争"。云杉王国、白桦王国和山杨王国之间的生存之战一触即发。

林间战事

森林中不同的树种间一直以来战乱不停。我们派出几位特约记者去采访现场战况。

我们的记者先去了长着白胡子的百年巨杉王国。这里的每个战士的身体都有两根甚至三根连在一起的电线杆那么高。

这个王国阴森森的。老云杉战士个个笔直挺立着，板着脸，一声不吭。它们的身板从头到脚光溜溜的，只有某些地方翘出些枝条，弯弯曲曲，不过，这些枝条都是枯死了的。

这些巨人毛蓬蓬的爪子，在空中高高地纠缠在一起，连成黑压压的一片，像个盖子，把整个王国遮得严严实实，阳光也透不进来。盖子下又闷又暗，散发着潮湿、腐朽的气息。偶尔落到这里的一些幼小的绿色植物无不迅速夭折，只有一些灰色的苔藓和地衣对这个国度阴沉沉的生存环境心满意足。它们吸自己主人的血液——树汁，贪婪地紧紧依附在战斗中倒下的巨型士卒尸身上。

我们的记者在这里见不到任何野兽的踪影，听不到任何鸟儿的歌声，他们只遇见一只孤僻的猫头鹰。它来这里是为了躲避灿烂的阳光。被我们的记者惊醒后，它竖起全身的羽毛，抖动胡子，角质的钩嘴发出瘆（shèn，使人害怕；可怕）人的咕咕声。

云杉王国无风的日子，死寂一片；风从上方刮过时，那些笔直挺立着的巨人只是摇动毛蓬蓬的树梢，发出愤怒的呼呼声。

云杉这一族的巨型成员是古老森林中最高大、最强壮、数量最多的。

我们的记者从云杉王国出来，到了白桦和山杨王国。

白皮肤、绿头发的白桦和银白皮肤的山杨发出窸窸窣窣（形容细小的摩擦声音。窸，xī。窣，sū）声，表示热烈欢迎记者到来。

许多鸟儿在绿叶枝头唱起了歌。阳光透过树梢的绿叶筛落下来，那里的空气斑斓多彩：处处闪烁着斑斑日影，如金蛇漫舞，似有点点星光，又如月牙出没，光滑的树干上斑驳迷离，缤纷多彩。地面上聚集着的是矮小的草类家族，看来待在主人绿色天幕下，它们如鱼得水，大有宾至如归（客人到了这里就像回到自己的家一样，形容旅馆、饭馆等招待周到）的感觉。鼠类、刺猬和兔子在我们记者脚下来来往往，怡然自得。风吹过树梢头，这快乐的国度里就响起哗啦啦的喧哗声。无风的时候，这里也是热热闹闹，不论是白天还是黑夜，山杨摇动叶子，发出沙沙声，欢声笑语不绝于耳。

这个国度有条界河，河那边原来也是很大一片树林，冬季树木已被砍伐殆尽，现在成了一片荒野。过了荒漠又是一片郁郁葱葱、密密匝匝、身高体大的云杉林，有如一道高墙，屹立在前。

本报编辑部得知，林中的积雪一旦融化，这片荒地便不再是荒漠，而变成一个战场。

因为各绿色家族的居住地拥挤不堪，只要邻近腾出一块空地，各家族都争先恐后去抢占地盘。

所以我们的记者过了河，就在树木被砍伐后的空地上搭起帐篷，好亲眼看看一场战争是如何爆发的。

一个阳光和煦的早晨，远处传来一阵噼里啪啦的声音，像是有人在用枪对射。我们的驻林地记者急忙赶过去看个究竟。

原来是云杉发起进攻了：它们派出了自己的空军去占领腾出来的空地。

被阳光烤热的巨型云杉果球，发出噼里啪啦声。果球一个个相继开裂，每开裂一次，就发出像玩具小手枪发出的那种声响。紧包球果的外壳跟着张了开来，球果就好比秘密军事掩蔽所，一张开，里面立刻飞出许多微型滑翔机——种子。种子被风托在半空中，打着旋，时而落下，时而升高。

每株云杉树上都有好几百个球果，每个球果中又藏着百来架微型滑翔机——种子。大多数种子在空中飞翔，最后落到了空地上。

但是云杉的种子有点儿重，而且只有一只翅膀，所以轻风不能把它送得太远，就落到地面上，到不了大片空地的一半距离。不过用不了几天，强风刮来，云杉的种子就把全部空地占到手了。

又是几个严寒的清晨，幼嫩的种子受到致命威胁。但是一场和暖的春雨过后，土地变得松软，接纳下这批小小的移民。

云杉族占领空地的时节，河那边的山杨也开花了。它们那藏在毛茸茸的荑荑花序中的种子刚开始成熟。

又过了一个月，夏天快要来临了。

阴沉沉的云杉王国里喜气洋洋，开始过节了。云杉的枝条上点上了红蜡烛——新生的球果。云杉已是一身盛装打扮：长满墨绿色针叶的树枝上点缀了金黄色的荑荑花序。云杉开花了，它在悄悄地为来年的种子做准备哩。

当前，它那些埋伏在空地下的种子受到温暖的春水滋润，膨胀起来，眼看着就要破土而出，见天日了。

这时节，桦树还没有开花。

我们的记者相信，这一片新大陆最终会被云杉占领，其他的树种来迟了一步，错失了先机。

可以预见，战争打不起来。

编辑部估计，下一期的《森林报》能收到驻林地记者更详细的报道。

冰雪融化，农庄里的庄员们可要开始忙碌了，拖拉机在这里扮演着十分重要的角色。除此之外，植树造林也开始了。更值得关注的是，刚满一岁的小鲤鱼在农庄的池塘里正活蹦乱跳呢，好一副自在的模样！

农庄纪事

雪刚化，庄员们就驾着拖拉机到田里去了。耕地用拖拉机，耙地也用拖拉机，要是给拖拉机安上钢爪子，拖拉机还能铲除树墩，清理出新的耕地呢。

紧随拖拉机之后的是蓝黑色的白嘴鸦，它们有板有眼，双脚一前一后，迈着方步，而身后不远处，灰色的乌鸦和白腰身的喜鹊蹦蹦跳跳。它们都在翻过来的地上找蚯蚓、甲虫和甲虫的幼虫当味美的小点心吃。

田地耕过、耙平后，拖拉机带着播种机在地里忙开了。播种机均匀地把精选的种子撒进了地里。

我们这里最先种下的是亚麻，接着是娇嫩的小麦，最后是燕麦和大麦等春播作物。

而像黑麦和冬小麦这些秋播作物现在已长到离地好几十厘米高了。它们都是在去年秋天播下的种，出苗后，在雪下过的冬，现在正齐刷刷地长个儿呢。

大清早和傍晚，喜洋洋的绿茵丛中传来一阵"契尔——维克！契尔——维克！"声，听起来像是大车过去发出的嘎吱声，却又不见车的踪影，又像是奇大无比的蝈蝈的唧唧声。

可是这不是大车，也不是蝈蝈。这是美丽的野鸡——灰山鹑在呼叫。

这种山鹑浑身灰色，掺杂白色花纹，颈部和两颊呈橙黄色，红红的眉毛，黄黄的脚。

绿茵深处，它的娇妻——雌山鹑在忙着为自己筑巢。

牧场上嫩草已长出新绿。天刚放亮，小木屋里的农家孩子们已被响亮的牛、羊、马的叫声惊醒，牧人纷纷把畜群往牧场赶。

有时候看得见寒鸦和椋鸟怪模怪样地骑在马背和牛背上。奶牛往前走着，这些小小的有翅骑士却用喙啄它的背，笃笃声一再响起。奶牛原可像赶苍蝇那样用尾巴把它们赶走，但它没有这样做，而是忍耐下来。这是为什么？

道理很简单：小骑士分量不重，又能帮上不少忙——原来，椋鸟和寒鸦这是在牛马的皮毛里啄食牛虻的幼虫和苍蝇在伤口处产下的卵。

胖墩墩、毛茸茸的熊蜂已经从冬眠中醒过来了，正在嗡嗡叫，亮闪闪的瘦黄蜂飞来飞去。该是蜜蜂登场的时候了。

庄员们把冬季放在越冬蜂房和地窖里的蜂箱搬出来，移到养蜂场去。长着金色翅膀的小蜜蜂从蜂房入口处爬出来，在阳光下小憩片刻，身子暖和后，伸了伸腰板，飞走了。它们去采集花中甜蜜的汁液，产出今年第一批蜂蜜。

农庄的植树造林

每年春天，我们州的农庄都要造好几千公顷的树林。在许多地方，每年要开辟面积达 10 ~ 15 公顷的苗圃。

塔斯社列宁格勒讯

集体农庄新闻

H. M. 帕甫洛娃

新　城

昨天，在果园附近，一个晚上就出现了一座新城——蜂房。城里的所有房子都是整齐划一的。听说那些房子都不是现场建的，而是从别处扛过来的。这里的天气暖和和的，城里的居民都很喜欢，爱出去玩。它们在自己的房子上空东转转西看看，好记住自己住在哪条街、哪座屋。

好日子

要是土豆也能唱歌，你们今儿就能听到前所未闻的最欢乐的歌了。今儿是土豆的喜庆节日：它们要被送到田里去了。它们被小心翼翼地装进箱子里，搬上汽车，运走了。

干吗要小心翼翼？干吗要装进箱子里，而不是放入麻袋？

可不是嘛，那是因为每个土豆都长芽了。多奇妙的芽儿！短短的，胖胖的，毛茸茸的，晒得黑黑的。芽的底部宽宽的，满是白花花的小凸包，正在生出根儿来哩。芽的上端尖尖的，已露出小嫩叶了。

谜一般的坑

从去年秋天开始，学校的园地里不知为什么挖出一些坑。青蛙进了坑，心里直纳闷：这该不是专为捕捉它们而布下的陷阱吧。

如今连青蛙也明白这是怎么回事了：那些坑是为栽种果树而挖的。

孩子们在每个坑里分别栽上苹果树、梨树、樱桃树，要不就是杏树什么的。

坑的中央立了根木桩子，小树苗就绑在上面。

修趾甲

农庄的美容师专门给牛修趾甲。他把牛的四只蹄子洗刷得干干净净。牛很快就要上牧场了，得给它们好好收拾一番才行。

开始农忙了

拖拉机日夜在田野里忙个不停。夜里只有拖拉机在忙碌，到了早晨，就会有一大群寒鸦紧跟在拖拉机后面。它们放开肚子吃，也吃不完被拖拉机翻出来的蚯蚓。

河流和湖泊附近，跟在拖拉机后面的不是黑压压一大群寒鸦，而是白花花的鸥鸟。鸥鸟也爱吃蚯蚓和在泥土下越冬的甲虫幼虫。

奇妙的芽儿

在一些黑醋栗丛中有些奇妙的芽儿，很大很大，圆圆的。有的芽儿张开了，模样很像极小的甘蓝叶球。拿到显微镜下一看，叫人大吃一惊。里面居然栖息着一些讨人厌的东西。它们的身子长长的，弯弯扭扭，蹬着小腿儿，抖着小胡子。

你说，这么一来，小芽儿怎么会不长得鼓鼓囊囊的呢？里面有扁虱子躲着过冬哩。扁虱子可是黑醋栗最可怕的天敌。它们毁了黑醋栗的芽儿，还会把传染病带给醋栗树丛，害得黑醋栗结不了果。

趁着树丛上膨胀开的芽儿还不多，扁虱还没爬出来，赶紧把这些芽儿全摘下，一把火烧了。要是遇到长了很多病芽的树，那就干脆把整棵树烧掉。

顺利飞来的鱼

"五一"农庄里飞来一群小鱼，都是刚满一岁的小鲤鱼。它们是待在矮木箱里搭飞机过来的。虽说鱼会在空中飞的说法没道理，可它们个个都活蹦乱跳，健健康康，已在农庄的池塘里快快乐乐地游来游去了。

经过雪水的洗礼，大地已然脱胎换骨。公园里，树木开始抽芽，各种各样漂亮的蝴蝶都飞来了。然而这个时候，天空竟突然又下起了"雪"！不过不要慌张，这只是"蘑菇雪"，一落地就化了。

都市新闻

植树周

积雪早已融化。大地也已解冻。城市和州里开始了植树周，春季植树的这几天成了我们盛大的节日。

在学校的园地、花园和公园里，房子旁、道路上，到处都有孩子们刨土挖坑准备植树的身影。

涅瓦区少年自然界研究者活动站准备了数万棵果树苗。

苗圃把 2 万棵云杉、山杨、枫树苗分给了滨海区的学校。

塔斯社列宁格勒讯

林木储蓄箱

田野一望无际。要防止风灾，得造多少防风林啊！我们学校的孩子们懂得种植防风林带是国家大事。所以 6 年级 1 班摆出一只大箱子——林木储蓄箱。箱子里有枫树子，有白桦树的荑荑花序，有结实的棕色橡子……那都是小朋友们装在桶里带来的。就拿维佳·托尔加乔夫来说吧，光榛树种子就收集了10千克。到了秋天，储蓄箱就装不下了。我们将把收集来的种子交出去，作为开辟新苗圃之用。

丽娜·波丽亚诺娃

在花园和公园里

树木笼罩在透明的、如呼出来的薄气一样的绿色烟雾之中。树叶刚开始舒展身姿，雾气便跟着消退了。

大而美丽的长吻蛱蝶粉墨登场了。它浑身褐色，像是披了一身天鹅绒，点缀着天蓝色的斑点，翅膀的末梢颜色次第变白、变浅。

又飞出来一只有趣的蝴蝶，像荨麻蝶，但个头儿小些，色彩没有那么艳丽，不是那种深褐色，翅膀的边缘呈锯齿状，像是被撕碎了似的。

要是捉来仔细看看，就发现翅膀的下面有个白色的字母"C"，就像是有人故意做上的标记。

这种蝴蝶的学名叫作"白C（拉丁字母'C'，读音近似'采'）蝶"。

甘蓝菜粉蝶、白菜粉蝶很快也要登场了。

七星虫

我们全国，从列宁格勒到萨哈林岛（库页岛，位于俄罗斯东端，而列宁格勒则在西端。这么说代表自西到东的全部领土），大江小溪中，到处都有一种奇怪的鱼出没。这种鱼又窄又长，乍一看还以为是蛇呢。它的身体两侧没有鳍，它的鳍只长在背部靠尾巴的地方。它游起来身子扭来扭去，很像蛇。它的皮肤柔软，上面没有鳞，它的嘴不像普通的鱼，而是个漏斗状的圆孔——吸盘。一见这个吸盘，你还以为那根本不是鱼，而是一条巨型蚂蟥呢。

农村里的人把它叫作"七星虫"，因为它的身体两侧，眼睛下长着七个小呼吸孔。

七星虫的幼虫是一种沙栖昆虫，很像泥鳅。孩子们常常捉来作为大钓钩上的鱼饵，钓凶猛的大鱼。

常常遇到这样的情况：七星虫吸附在大鱼身上，跟随大鱼一起在河流中漫游，而大鱼怎么也摆脱不了它。

渔夫还说，七星虫好像也吸附在水下的石块上。它一旦吸附上了，便一个劲儿扭动身子，又是抖，又是扯，直让石块移动了位置——力气好大的鱼呀！七星虫在水底有石块的坑里产卵。

这种稀奇古怪的蚂蟥形鱼学名叫"七鳃（sāi）河鳗（mán）"。

这种鱼看上去讨人厌，但用油稍稍煎煎，加点儿醋，味儿可美哩。

街头生命

每到晚上，蝙蝠就在城郊飞舞了。它们不理会来来往往的行人，径自在空中捕捉蚊子和苍蝇。

燕子飞来了。我们这里有三种燕子：一是家燕，家燕有一条开叉的长尾巴，脖子上有一个棕红色的斑点；二是白腰毛脚燕，短尾巴，白脖子；三是小个儿的灰沙燕，灰身子，白胸脯。

家燕的窝做在城郊的木建筑物上。白腰毛脚燕的窝就直接黏附在石头房子上。灰沙燕则在悬崖绝壁的洞里繁殖后代。

这三种燕子飞来之后很久，雨燕才来。很容易就能把雨燕跟它们区别开来。雨燕从房顶上掠过时往往发出刺耳的尖叫声。它们看起来几乎是黑的，翅膀不像家燕等呈尖角形，而呈半圆的镰刀形。

叮人的蚊子也开始露面了。

城市里的海鸥

涅瓦河一开冻，它的上空就可见到海鸥。它们压根儿不害怕轮船和城市的喧嚣声，当着人的面心安理得地从水里拖出鱼来。

海鸥飞呀飞，飞累了，就直接落在住房的铁皮屋顶上休息。

飞机上长翅膀的乘客

一听到均匀的嗡嗡声，就能猜到飞机上准待着长翅膀的乘客。在200个舒适的小房间——胶合板做的箱子里，就待着高加索蜜蜂。飞机这是把800个蜜蜂家庭从库班运送到列宁格勒去。

一路上这些小乘客有吃有喝，蜂蜜供应充足着哩。

H. 伊凡钦科

摘自少年自然界研究者的日记：

蘑菇雪

5月20日。早晨，阳光灿烂，东方的天空一片蔚蓝，这时候突然下起了雪。雪花就像是闪闪发光的萤火虫，轻盈而缓慢地漫天飞舞。

冬天，你别吓唬人啦，你下的这场雪的寿命长不了！这雪就像是夏天的蘑菇雨，挡不住太阳的笑脸，却促使蘑菇更快地生长。

雪花一落地就化了。

不妨出城到林子里去看看，说不准在那里有惊喜等着你哩。说不定在融雪之下的地面上能找到棕色的、满是皱褶的伞帽，那是早春头批冒出的蘑菇——羊肚菌和鹿花菌的头，可好吃哩。

驻林地记者　维丽卡

咕——咕

5月5日早晨，城郊的公园里响起了第一声"咕——咕"声。

过了一星期，在一个暖和、宁静的傍晚，突然，灌木丛中传来口哨声，声声清脆悦耳。开始时轻轻的，继而响了些，接着哨声蔓延开来，婉转而嘹亮，有如珠玉落盘，煞是动听。

这时，人们全明白了，原来是夜莺在啼啭。

少年米丘林工作者大会

30年前，列宁格勒州的小学生到伊凡·弗拉基米罗维奇·米丘林家做客。

伊凡·弗拉基米罗维奇对小客人讲了他们在帮助成年人改造自然的伟大事业中可以有什么作为。

列宁格勒的米丘林工作者在自己的例会上，回忆起当年的情景。列宁格勒市和列宁格勒州的35 000多名少年自然米丘林工作者派出自己的代表参加那次大会。春天，他们做了45 000多个人造鸟窝，栽种了20万株果树，管理树木并保护绿色朋友和农庄的庄稼。

塔斯社列宁格勒讯

致列宁格勒州全体少先队员和小学生的公开信

我们听说本州许多学校的少先队员和小学生制作了一些出色的

标本，搜集了丰富的列宁格勒州的矿物和昆虫，制作了大量的成套植物标本。本州的学校可以与我们交流这些直观教具，而我们，本市少先队的成员，也会给他们寄去我们在苏联各地采集得来的成套样本作为回报。

我们已着手汇集一套春季花卉的标本。暑假里，在老师和辅导员的带领下，我们将到附近了解家乡的大自然，为母校采集许多新的珍贵标本。我们多么希望为学校多出点儿力啊。

经过暑假休息之后，我们大家都晒得黑黑的，又要在教室里欢聚一堂，老师将在生物课上利用我们采集来的标本给我们讲解新的内容，到时候我们将何等快乐！

本市许多少先队大队委员会已决定，所有的中队和小队应该参与采集岩石和动植物标本的工作，充实学校的博物馆和博物陈列室。

我们将与其他州学校的少先大队、中队交换我们的陈列品，那时本州各校陈列室将会有更丰富的直观教具。

▍成长启示

植树周到了。在学校，到处都能看到孩子们刨土挖坑准备种树的身影。涅瓦区少年自然界研究者活动站准备了数万株果树苗，趁着春日好时光，大家都在为植树努力着。绿意盎然的大自然是我们赖以生存的家园，我们要亲近自然，热爱自然，更要学会保护自然，与自然和谐相处。

▍要点思考

1. 考验你动手能力的时候到了，你知道 10 千克的榛子能够长出多少棵榛子树吗？请查阅相关资料，给出正确的答案。

2. 除了种树，你还知道哪些保护环境的措施呢？

基塔·维里坎诺夫讲的故事

这天,《森林报》编辑部来了一位个子不高的男孩儿。

"您好!"他一进来就开门见山地说,"我叫基塔·维里坎诺夫,是少年自然界研究工作者。请让我当一名《森林报》驻林地特约记者吧。我编森林故事很在行。"

"您倒是有一手挺怪的专长。"我们听了很诧异,说,"可您的这一套我们不需要。我们只刊登内容真实的稿件。"

"怎么会'不需要'呢?难道你们不需要读者在阅读《森林报》的时候动动脑子吗?"

"我们认为他们会动脑子的。"

"嘿!可我认为,是你们在替读者动脑子,所以他们认为自己没什么可思考的了。你们第一期里刊登的文章中说:'鸟儿抱怨猫和小孩毁了它们的窝',有这话吧?可这些小雏鸟是不会说话的,它们这些可怜的小家伙会哭,可掉下的眼泪谁也看不见,它们说的话,哪个能懂?叫它们向谁去诉苦?可读者一准以为鸟儿跑到《森林报》编辑部诉苦来了。准没错!我自己就是名读者。"

"瞧你说的!我们的读者很清楚,鸟儿是不会说人话的。"

"就算是吧!反正他们还没学会分析……或者辩证地对待生物学事实。我编了一个游戏,能帮助他们开动脑子。"

"是吗,您编了个游戏。那就另当别论了。给我们表演表演吧。"

小男孩儿从口袋里掏出一个皱巴巴的小本本,放到我们面前。

我们大家都觉得他这个游戏很有意思,也很有益,便留下基塔的小本子,还请他今后多送些来。

后来我们得知,这个基塔·维里坎诺夫小有名气,还经常在列宁格勒无线电台做节目呢。

电台的编导对我们说,基塔是名非常优秀的少年自然界研究工作者,观察力强,非常机灵、忠诚、勇敢、乐观。

不过，他的性格过于张扬，甚至连自己的名字也改了。他原来叫基塔·马雷什金，改成了现在的基塔·维里坎诺夫。他爱笑，喜欢捉弄人，不过归根到底还是不失原名的本性，像个小娃娃那样纯真、是非分明、爱讲真话。

我们找来了他的一张照片，很高兴地刊登在这里——在《森林报》上，让读者认识下我们这一位鼎鼎大名的《森林报》记者。

基塔对自己讲述的故事做了一些说明，这些文字刊登在书的末尾。我们请读者尽可能以班级或小组为单位，一起来阅读他写的故事。一旦发现故事中的生物观察、介绍、见解或历险故事，就在纸条上记下你的判断，如果你认为基塔说的是对的，就写个俄文字母"П"，反之，如果你认为错了，就写个"В"〔"П"是俄文"прввда"（事实）的第一个字母；"В"是俄文"врака"（错事）的第一个字母〕。

最后，用你自己的判断与基塔·维里坎诺夫的说明作对照，给自己打分——比赛看谁的得分最高。

基塔的每个故事都讲述10个现象，都需要你做出判断，共计有4个故事。谁能对所有事都给出正确的判断，得满分，谁就可获得一等奖，授予"聪明冠军"及"打假冠军"称号；而二等奖及"聪明亚军"和"打假亚军"称号的获得者需得到30分；三等奖及"打假季军"获得者需得20分。

我的十次观察经历

这个星期天，我很早就起床了，打算到城外去看看那里的动植物都在忙些什么。

我刚跑到涅瓦河边——老天爷，怪哩！水面上飞着两只大海鸥，毛色非同寻常：浑身上下雪白雪白的，可翅膀乌黑乌黑的——简直是染上去的！

桥下几只野鸭在游来游去。哗啦一声，野鸭钻进了水里！

河水清澈见底。我站在桥上，下面的情景看得一清二楚。只见野鸭在水下潜游，来去自如，仿佛是在空中飞翔一样！多怪呀——它们居然能在水下扑扇着翅膀，游得飞快！

面对这种种怪事，我都惊呆了，看了一会儿我又继续往前跑。跑着跑着，禁不住哼起校园老歌来。

> 谎话，谎话，
> 不过是骗人的鬼话！
> 无非是锤子砸炉子，
> 虾儿割干草……

这不，我坐上电气列车，很快就到了熟悉的车站。下车后，我立即到了一个林子，林子后面便是大海——芬兰湾。

海上传来阵阵叫声，原来，海面上飞过一群戏水的鸟儿。我爬上一棵树，举起望远镜，好看个明白，这一看，惊得我险些抓不稳望远镜——海面上居然有15只天鹅，只只黑如炭！

天大的奇事！除了我，还有谁在列宁格勒近郊见过这样美妙的奇景！我多幸运呀！

再一瞧，一群大雁向天鹅飞过去。整整一大群。想不到吧，每只大雁的背上都跌落几只家燕和雨燕。这时候空中密密麻麻挤满了鸟儿，个个展开轻盈的双翅飞向四面八方。

亲爱的鸟儿，你们终于飞来了！强壮有力的大雁用自己宽大的翅膀把燕子从大海那边驮了过来。多谢！我们可一直盼着它们光临呢！

该走了，到了该走的时候了！我望了望森林——满林的鲜花怒放，甜甜的蜜香扑鼻而来，高高的椴树挺胸屹立。山丘上处处是亮闪闪的黑色鲜花——我却忘了它们叫什么。时而传来小绵羊轻柔的咩咩声。你们当然知道,绵羊春天里是用尾巴唱歌的吧?

我久久地坐在树上,陶醉在春之声、春之香、春之美中……突然间,我看见灌木丛里跑过一件白花花的东西……开始时我以为是兔子,再一看,不是兔子,比兔子要小,我见到的是只鸟儿……总算看清了,不是全白的,带着淡黄色的大斑点。

"嘿!"我暗想,"我们这一带有种鸟儿,冬天像兔子一样穿着一身雪白的冬装,到了夏天就要换上彩装。这不正是这种鸟儿吗?"

时近正午,我感到有些饿了,便从树上下来,往车站跑。林子里闪过一些黑色的影子。我以为是树梢上有燕子掠过。仔细一瞧,原来是蝙蝠!如此说来,它们也从冬天的避难所里爬出来活动了。

就在车站前,在林子边,我成功地进行了第十次有趣的观察,确切地说,是第十次成功的发现:我在灌木丛下找到了可口的蘑菇,采了整整一帽子!

吃晚饭时,妈妈用蘑菇给我做了一道鲜美的菜。

谁能猜中在我的观察中哪些是真的,哪些是编造出来的,谁猜中一处就得2分。还有一些观察半真半假,答对这类题,得1分。看了我附在书后的"答案",就知道是怎么一回事了。

基塔·维里坎诺夫

与3月一样，4月同样是狩猎的好时节，但不同的是，4月狩猎的地点不同，目标也不同。猎人们在狩猎过程中又会遇到什么稀奇的事情呢？他们还能像之前一样满载而归吗？让我们拭目以待吧！

狩猎纪事

在马尔基佐瓦湿地猎野鸭

集市上

这些日子，列宁格勒的市场上有各个种类的野鸭出售：有身子全黑的，有很像家鸭的，有个头儿很大很大的，也有很小很小的；有的尾巴像锥子，尖尖的，长长的；有的嘴巴宽宽的，像把铲子，还有的嘴巴窄窄的。

要是哪个没经验的主妇买了野禽，那就糟了。你看她买了野鸭回家，烧了要吃，可谁也吃不下，因为鸭肉满是鱼腥味儿。原来她从市场买回来的是只专吃鱼虾的潜鸭，或秋沙鸭，要么压根儿就不是鸭子，而是潜水鹏鹏（pìtī，鸟，外形略像鸭而小，翅膀短，不善飞）。

可有经验的主妇一眼就能看出哪种是潜鸭，哪种是好鸭子——一看它后面那个最小的脚趾就明白了。

雄的、雌的潜鸭的这个脚趾上有块大且突出的厚皮，而河里的那些"高贵的"野鸭脚趾上的厚皮很小。

在马尔基佐瓦湿地

春天，许多不同品种的野鸭都被捉来在市场上出售，但还有更多的野鸭待在马尔基佐瓦湿地。

自古以来，芬兰湾位于涅瓦河口与科特林岛之间的那片水域称为马尔基佐瓦湿地。喀琅施塔得要塞（俄罗斯重要军港。在芬兰湾东端科特林岛上，东距列宁格勒29千米）就在那个岛上。这里是列宁格勒猎人狩猎的好去处。

请到斯摩棱斯克河边走走。河岸上，在斯摩棱斯克公墓旁，你会看见一种形状奇特、与河水同色的小船。这种船底部很平坦，船头和船尾高高翘起，船身不大，却非常宽。

这是一种打猎用的小划子。

傍晚时分，你也许碰巧会遇到一个猎人。他把自己的小划子推进河里，把猎枪和其他东西放进了小划子，掌着尾舵，顺水而下。

20分钟之后，猎人就到了马尔基佐瓦湿地。涅瓦河早已解冻了，但海湾里还有大冰块。小划子穿过灰色的波浪，飞快地向冰块划去。

猎人终于到了冰块前，把船靠了上去，人上了冰块。他在毛皮外套上套上白色的长袍。又从小划子里拖出引诱野鸭的母鸭，用绳子拴着，放进水里，绳子一头固定在冰块上。母鸭立时嘎嘎地叫了起来。

猎人坐进了小划子，离开了冰块。

出卖同类的野鸭和穿白袍的隐身人

没过多久，远处一只野鸭从水里钻了出来。这是只公鸭。它听到了母鸭的召唤，向它飞了过去。

没等到它靠近母鸭，枪声响了——乓！乓！两声枪响过后，公鸭一头栽进水中。

被当作诱饵的母鸭非常明白自己担当的角色，便一个劲儿地叫呀叫呀，叫个不停。好像是自己收了人家的钱，不能不卖力。

公鸭听到母鸭的呼唤声，纷纷从四面八方飞过来。

公鸭只看到母鸭，没注意到白色冰块旁边还有只白色的小划子和穿白袍的猎人。

猎人一枪又一枪，各种各样的野鸭一只又一只跌落下来，进了他的小划子。

一群又一群野鸭在万里海洋上空跋涉途中就这样先后丧了命。太阳西沉，城市的轮廓渐渐隐去，那个方向亮起了万家灯火。

天太黑，再也开不了枪了。

猎人把当诱饵的母鸭拿回了小划子，又用铁锚把小划子紧紧地固定在冰块上，这样小划子就能更紧地贴在冰块的边缘上，免得船身被浪撞坏。

该考虑过夜的事了。

起风了。天空乌云密布，四周一片漆黑，伸手不见五指。

水上房子

猎人在船的两舷上固定好两个弧形木架子，解开帐篷，套在木架上，绷紧了。完事后他点燃了煤油炉，从海里舀起一壶水（马尔基佐瓦湿地的水是从涅瓦河流来的，是淡水），放在炉上烧开。

雨水滴滴答答敲打在帐篷上。

可猎人才不在乎这点儿雨呢，因为帐篷是防水的，里面又干又亮堂，生着煤油炉就像生着炉子一样暖和。

猎人喝着热茶，吃着点心，也忘不了给自己的帮手母鸭喂食。他还抽起了烟。

春宵很快就过去了。天空又露出了明晃晃的光带，光带越来越大，越来越宽。乌云在退，风也停息下来，雨不下了。

猎人朝帐篷外望了望。

远处的河岸黑黝黝的，望不见城市，也见不到一丝灯光。一夜间风把冰块远远地吹到辽阔的大海里去了。

糟了，这下要回城得花不少时间。幸而夜里风没有吹来另一块冰，要不两块冰相撞起来小划子就会粉身碎骨，猎人也会跟着被挤成肉饼。

赶紧干正事啦！

猎天鹅

又响起了嘎嘎声。引诱公野鸭的母鸭在叫唤。可是这时候，附近波浪里起起伏伏游着的还有一只很大的白天鹅。它闷声不响，因为它只是个标本。

野鸭游过来了。猎人开了枪。

突然间，头顶传来一阵声音，像是远处号角声：

"克噜——克噜，克噜——克噜，噜噜……！"

公野鸭的翅膀扇得哗哗响，纷纷落到母鸭身旁——整整一大群。可是猎人没理会。

他利索地换了枪里的弹药。双手拢在一起——那姿势很特别，送到嘴边，学着天鹅的叫声，吹了起来：

"克噜——克噜，克噜——克噜，噜噜，噜……"

在很高很高的云端，三个黑点在渐渐变大。那号角声越来越清晰，越来越响，越来越刺耳。

猎人停止吹叫，不再理会它们了，因为这时候谁也学不像近处天鹅的叫声了。

现在已看得一清二楚：三只白天鹅慢慢地扇动几下翅膀，落到了冰块上。它们的翅膀在阳光下闪烁着银色的光辉。

天鹅越飞越低，兜起了大圈子。

它们从空中已发现了冰上的那只天鹅，以为是在招呼它们下来呢，于是飞来了，对方要不就是累坏了，要不就是受了伤，离群落到冰上来了？

它们飞了一圈，又一圈……

猎人坐着，一动不动，只是牢牢地注视着这群大白鸟。天鹅伸出长脖子，离他一会儿近，一会儿远。

杀　戮

又兜了一圈，这时候天鹅离小划子很近，几乎伸手可及。

乓！……最前面的那只天鹅的长脖子，像根鞭子，直直垂了下来。

乓！……第二只天鹅在空中翻了个身，重重地落到了冰上。

第三只天鹅向高处飞去，消失在远方。

猎人这下可是交上难得的好运了！

赶快回家吧。

可是现在不是说回家就能回家的。

马尔基佐瓦湿地上空乌云密布。10步开外什么都看不清了。

城里传来工厂的低沉的汽笛声。汽笛声时而在这边，时而在那边，简直分不清该往哪个方向走。

细小的冰块撞击小划子，发出玻璃破裂似的清脆响声。

船头下响起嚓嚓声，那是细冰碴儿擦过的声音。

一路上万一撞上坚固的大冰块，那该如何是好？

小划子准会翻个底朝天，一个跟斗沉到水底！

第二天

安德烈耶夫市场上，一群人好奇地打量着两只雪白的大鸟。两只鸟儿搭在猎人的肩头，鸟喙几乎要碰到地面了。

孩子们围着猎人，问东问西：

"叔叔，鸟儿哪里打来的？这当真是咱们这里常见的鸟儿吗？"

"鸟儿正要往北方飞，去那里做窝呢。"

"嗬，那窝该是很大很大的吧！"

家庭主妇关心的是另一码事。

"你说说，能吃吗？有没有鱼腥味儿？"

猎人嘴里是回答了，可耳畔还响着活生生的天鹅发出的号角声，响着野鸭飞快抖动翅膀时发出的嗖嗖声，以及碎冰撞击小划子时发出的清脆响声……

这里讲的都是旧时的事。

现在，每年春天，列宁格勒上空仍旧有天鹅飞过，仍旧会从天外传来响亮的号角声。但天鹅的数量已大不如前，少了很多很多了。于是猎人们千方百计，费尽心机，个个都想捕到这么大、这么美的天鹅。简直要把天鹅赶尽杀绝。

如今，我们这里严格禁止捕杀天鹅。谁要是杀害天鹅，就要受罚，罚款还不少呢。

但在马尔基佐瓦湿地还是允许打野鸭的，因为那里的野鸭很多。

射靶：竞赛二

1. 一变黑，又会咬，又会斗；一变红，立马变成乖乖宝。（谜语）

2. 春天最早出现的食用蘑菇是哪种？

3. 为什么白嘴鸦在田里爱跟在拖拉机后面？

4. 喜鹊窝与乌鸦窝的区别是什么？

5. 哪种蜘蛛被叫作"流浪汉"？

6. 哪种燕子先飞到我们这里，雨燕还是家燕？

7. 椋鸟屋不够时，椋鸟选在哪里做窝？

8. 为什么椋鸟和寒鸦爱骑在奶牛、绵羊和马的背上？

9. 为什么家鸭和家鹅春天里会突然伤心地叫起来，而且变得烦躁不安？

10. 春汛来了，什么样的鸟儿日子会难过起来？

11. 春汛期内，禁止用枪捕杀什么样的鱼？

12. 哪种动物更怕冷，鸟类还是爬行动物？

13. 青蛙舌头的哪个部位与嘴相连？

14. 图中是两类鸟儿的翅膀。生活在不同环境中的鸟儿长着不同的翅膀。请指出哪种鸟儿生活在密林中，哪种生活在旷野里。

图1   图2

15. 前看像锥子，后看像叉子，横看又像卷线机，说起话来像鬼子。背上披块蓝呢子，胸前挂着白布片子。（谜语）

16. 没门环的门一打开，没尾巴的狗儿跑进来。（谜语）

17. 似牛非牛通体黑，六条腿上没蹄子。飞时连声叫，坐下来时把地刨。（谜语）

18. 5月里露头，不是虾，不是鱼，不是兽，不是鸟儿，也不是人。鼻子长长的，声音细细的，飞起来嗡嗡叫，停下来，不吱声。拍了它一下，流血没了命。（谜语）

19. 有的把水浇，有的拿水喝，还有一个只长个儿。（谜语）

20. 不在地上走，不往上面瞧，不见什么窝，孩子却有一大帮。（谜语）

21. 自己不吃也不喝，养活世上所有人。（谜语）

22. 出生时有串小铃铛，慢慢变成大铃铛。（谜语）

23. 没有翅膀会飞，没有脚能跑，没有帆能游。（谜语）

24. 四个爱跑，两个好斗，还有一条鞭子乱抽。（谜语）

公告："火眼金睛"称号竞赛（一）

《森林报》编辑部

想获得"火眼金睛"荣誉称号的人，应该仔细研究我们在公告里贴出的图画，然后根据其形状、足迹和其他特征，判断出画中所有树林、田野、水中和空中的鸟类和兽类。

"什么鸟儿在飞？"

空中飞过4只大鸟。如何判断它们分别都是什么鸟儿？

图1：这里有一只很大的鸟儿。它的脖子长长的，翅膀长在后部，短尾巴。这是什么鸟儿？

图2：模样像前面的鸟儿，但个头小些，浑身灰色，脖子短些。这是什么鸟儿？

图1　　　　　　　　　图2

图3：翅膀长在身子中间，脖子像根棍子，后伸的腿也像棍子。这是什么鸟儿？

图4：翅膀凸出，后伸的腿像棍子，脖子和头一起就像安在背上的大问号。这是什么鸟儿？

图3   图4

请踊跃报名

敬请加入鸟兽救助协会，拯救被水淹的兔子、狐狸、松鼠、鼹鼠和其他种种陆栖兽类。

凡是救助被水淹的动物者，将颁发以马扎伊爷爷为名的奖章。（从前有个叫马扎伊的老爷爷，每当发大水时，总要划船去救助小动物。俄国诗人 H.A.涅克拉索夫以此为题，写有一首著名的诗歌。）

奖章由少年自然界研究者自己动手来做。奖章是用厚纸剪成个圆圈，外面包上一层金色或银色的纸。

少年自然界研究者小组决定，金色奖章颁给救大型兽类（驼鹿、鹿等比狐狸大些的动物）的人。

银色奖章颁给救助小动物（兔子、松鼠、鼹鼠、刺猬等）的人。

请为它们打造住处

我们那些大名鼎鼎的歼灭害虫的小朋友——鸣禽——现在正在为自己找住处，以便养育幼雏。

我们恳请读者伸出援手，为它们打造住处。

凡是树干上有掉落腐败枝条的地方，总要留下个凹处，很容易把它挖深，形成一个洞。在腐朽的老树干上也容易挖出洞。山雀、红尾鸲、白腹鸫和其他以树洞为巢的小鸟——小猫头鹰、黑啄木鸟等很喜欢在这样的树洞里安家。

至于那些爱在灌木丛做窝的小鸟，最好帮它们把灌木枝条扎成一束束，如图所示。

给那些爱在浅树洞里做窝的灰鹟和红尾鸲钉一个浅树洞式的窝，见下图。

　　请为猫头鹰和寒鸦做个如图所示的卧式鸟窝。

　　这是什么树的阔叶？这又是什么树的针叶？

哥伦布俱乐部：第二月

神秘乡 / 做好考察的准备 / 狐步 / 鸟儿的话语 / 招呼用的名字 / 小姑娘们突然改名换姓

在哥伦布俱乐部第二次集会上，俱乐部主任带来了诺夫哥罗德州的详细地图，指着上面的一个叫雷索沃的村子说，他在那里待过一个夏天，建议把这村子作为考察基地，也可以作为少年哥伦布们生活和开始科学、艺术研究时的立足点。

"瞧，这是圆规，"他说，"这个点代表雷索沃村，我把圆规的一只脚扎在这个点上，另一只脚挪开3度，也就是3千米，然后画出一个圆圈。这个圆圈的半径便是3千米，让我们算一算——对这一带我们一无所知。就把这个地方叫作'新大陆'吧——也就是我们大家一起要发现的那个'美洲'。该圆圈中已知的有：①针叶林——奇妙的松林；②混合林——就像瓦斯涅佐夫（1848—1926，俄国画家）的画《骑着灰狼的伊凡王子》上画的那样，一小片名副其实的密林；③一小段温基卡河，一边河岸很陡，另一边低矮，春天时被水淹没。当然还有：④收割干草的草地；⑤田野——不大，就像诺夫哥罗德州常见的田野一样；⑥低湿林地；⑦一个叫普罗尔瓦的有趣的湖，湖不大，也不深，但有不少林木茂盛的奇妙岛屿。"

少年哥伦布们立即展开了热烈的争论：该给他们未来的"美洲"——圆圈内他们将要发现和进行科学、艺术研究的地方——取什么名。

"依我看，还是叫'恩寨'的好。"安德烈若有所思，慢声慢气地说。

"瞧你说的，"尼古拉不满地说，"'恩寨'，那可是军事用语，指的是不可随意动用的储备品。怎么地，如此说，这个地方咱们一点儿也不能碰一碰了？"

"也许安德烈是想把它叫'新西兰'吧？"女画家西格里德挖苦道。

"不行，干脆叫'不寻常的谜'。"雷莫奇卡接口说。

"得了，你！"安德烈不依不饶，固执己见，"'恩寨'就是'新大陆'或'未知的土地'。"

"说得有几分道理！"主任说，"不过字序得稍稍变动一下：管它叫'寨恩'——'神秘乡'，同意吗？"

"行！"俱乐部成员异口同声地说，于是立即做出决定：对"神秘乡"进行全面的考察，详细了解其中有什么秘密和奇迹。为此，首先要编制当地"土著"的详细清单，也就是说那里有什么动植物和飞禽。研究小组便由对这些清单内容有专长的人士组成。按不同的专业分成三个相应的考察组：

"鸟类学考察组"，成员有雷莫奇卡、安德烈、猎人尼古拉和米兰奇卡。

"哺乳动物学考察组"，成员有拉列奇卡和猎人符拉基米尔。

"树木学考察组"，成员有帕甫利克和多拉。

"诗歌艺术学考察组"——简称"艺术考察组"，由女画家西格里德和诗人斯拉维米尔，即红发斯拉夫卡组成。这位诗人答应，这个夏天他要写出一整本诗歌集，取名《神秘乡》，女画家给他配插图。

尼古拉和符拉基米尔两位猎人提议："既然我们绝大多数的人是来捕鸟捉兽的，所以事先得学点儿本事，免得到了林子里把所有的鸟兽都吓跑了。首先要学的就是'佛克斯特罗特'。"

"瞧你说的！"雷莫奇卡表示反对，几个女孩子也随声附和，"那些乱七八糟的舞咱们可不想学！"

"不是！"符拉基米尔赶忙解释道，"不是那回事！'佛克斯特罗特'舞翻译过来就是狐步舞。在林子里，脚步要轻轻的，不可发出声音。高抬腿，瞧，这样踩下去，动作不能过大，要像狐狸那样，站着一动不动，要不，林子里的动物会全躲起来，鸟儿呀，兽呀，不见踪影。其次，还要学会说话，学会鸟儿的话。知道吗？在林子里可不能大声嚷嚷，大呼小叫。我们教你们一系列鸟儿的对话。我跟尼古拉在林中打猎时就会用上这些话。听我是怎么说的。"

符拉基米尔说罢，吹起了口哨——一会儿短，一会儿长。吹罢他解释起来：这是哪些鸟儿的声音，那又是哪些鸟儿的叫声。

"在林子里行走的时候，"他说，"彼此要保持一定的距离。小心翼翼地过林子时，大家就像拴在一条链子上。为了避免彼此拉开过大的距离，经常要对前后左右的人吹这样的口哨保持联系：'茨维！茨维！'意思是说：'我在！我在！'

"要是突然间有人发现前面有情况，得发出信号，让别人知道，该停下来，不要动弹了，以免惊了动物，该仔细看看，前面躲着什么。这时候就要发出这样的信号：停止前进！用的是鹈鹕（tíjué，即'子规''杜鹃'）的声音。声音很轻，断断续续：'特伏基！'

"要是想知道，干吗'特伏基'？干吗停下来？那就用朱雀的声音，听起来像是问：'基——维——基维乌？基维——基维乌？'

"要是兽类，就得低低地小声回答，像是：'乌乌基！乌乌基！'

"要是鸟类——高声回答：'维基——依基——依基——依基！'

"要是人——拖长声音，高低有变化，低声'芙乌……'，高声'利特！'——用的是大麻鳽的声音：'芙乌——利特！芙乌——利特！'

"最后的信号是——要是需要让前后的人过来，就用金莺声：'费乌——利乌！费乌——利乌！'

"窍门全在这里。"说到这里符拉基米尔算是把要教的本事教完了。

"别忙，"尼古拉说，"我认为，在林子里，相互招呼有时免不了要呼名唤姓。可咱们大家的名字都太长，该短点儿，只能用一个音节。一个元音野兽和鸟类听起来就像是在警告：'留神！'就这么回事，它们就会警觉起来。这就是说，咱们的名字要缩短，不得超过一个音节，免得在林子里彼此招呼时出差错，咱们就这么办。"

他的建议被大家采纳了。首先要做的事就是把名字改短。"安德烈"改称"安德"，"尼古拉"改为"科尔克"，"符拉基米尔"是"沃夫克"，"斯拉维米尔"——"拉甫"，帕甫罗沙——"帕甫"——这下可把大家乐坏了，因为脑子转不快的帕甫罗沙说起话来一向就不利索，费了好大劲儿才把"帕甫"两字说出来，听得大家好不心焦。

刚说到几个女孩的名字，沃夫克突然嚷了起来：

"兔儿兄弟！我首先发现'美洲'了！姑娘们，你们几个——都变成音符了：'多拉'变成'多'，'雷莫奇卡'改称'雷'，'米兰奇卡'改称'米'。"

"那我就是'拉'了。"拉列奇卡应声道。

"我便是'西'了。"女画家西格里德表示同意。

"我看，咱们主任的名字得有两个音节，"安德提出建议：名加父名，那是出于尊敬。"那就叫'塔里·金'吧，同不同意？"

接着大家开始练习狐步和鸟语。

俱乐部这就变成小型的学校了。

（待续）

歌唱舞蹈月
（春三月）

5 月 21 日至 6 月 20 日　　　太阳进入双子座

一年——分12个月谱写的太阳诗章

5月到了——唱吧，玩吧！春天已认认真真着手干起了第三件事：开始给森林披上新装了。

瞧，森林里欢乐的月份——歌唱舞蹈月这就开始了！

胜利，太阳彻底战胜了冬天的严寒和黑暗，取得了完全胜利——光和热的胜利。随着晚霞与朝霞握手言和，北方的白夜跟着开始了。生命把土地和水掌握在手，又生机勃发，昂首生长了。高大的树木披上绿装，焕发出新生的容光。无数昆虫展开轻盈的翅膀飞上高空，翩翩起舞。可是，一到黄昏，夜战能手夜鹰和身手矫健的蝙蝠，就趁着夜色出来捕捉昆虫。白天，家燕和雨燕在空中来往穿梭，雕和鹰在森林上空盘旋巡视，茶隼和云雀扇动翅膀，像是被一根根线悬吊在田野上空。

没安铰链的门开了，长着金色翅膀的住户——勤劳的蜜蜂纷纷飞了出来。田野的琴鸡，水上的野鸭，树上的啄木鸟，天上的绵羊——鹬，它们无不在树林的上空歌唱、欢舞、嬉戏。用诗人的话来说，如今"我们俄罗斯的鸟儿和兽类无不欢欣雀跃。林中的肺草从上一年的枯叶下钻出来，闪着蓝莹莹的光泽"。

我们把5月称为"哎呀月"，
你可知道为什么？

这是因为有点儿暖，又有点儿冷。白天，阳光和煦，夜晚，哎呀，多冷！5月份，树荫下是天堂，可有时还得给马铺上干草，自己也得睡火炕呢。

欢乐的五月

哪个小动物不想试试身手，展示一下自己多勇敢，多有力，多灵巧！树林中很少听到歌声，看到舞蹈，见到的尽是龇牙咧嘴的打斗和捕杀。绒毛、兽毛和羽毛到处乱飞。林中的居民忙得不亦乐乎，因为这是春天的最后一个月了。

夏天很快就要来到，随之而来的就是为筑巢和哺育后代而费心操劳。

农村里的人都说："俄罗斯的春天倒乐意像个老姑娘，赖在家里，待一辈子，可总有一天，布谷鸟一叫，夜莺开口一唱，它还不是得让出位来让夏天去坐？"

在最欢乐的5月，林中也是十分热闹的。夜莺顾不上多休息，几乎时时刻刻都在展示着自己的歌喉。除了夜莺的歌声，林中也会传来一阵阵的曲儿。此时，最后一批鸟儿飞回来了，松鼠开始寻找肉食，毛脚燕也开始筑巢……

林间纪事

林中乐队

到了这个月，夜莺一放开喉咙，日也唱，夜也唱，恨不得一会儿也不歇着。

孩子们纳闷了：它倒是什么时候睡觉呢？春天里的鸟儿忙个不停，顾不上多睡觉。鸟儿的睡眠时间都很短，唱一会儿歌，唱着唱着，打个盹，转眼又醒过来，再唱。它们也只是半夜三更才睡上一小时，中午再睡它一小时。

早霞初染和晚霞满天时，不单鸟类，林中所有的居民无不引吭高歌，尽情玩耍，各尽所能，放声歌唱。有的拉琴击鼓，有的吹笛弄箫，此外，汪汪声、咳咳声、嗷嗷声、尖叫声、哀叹声、嗡嗡声、咕咕声、呱呱声，此起彼落，不绝于耳。

歌声悠扬的是苍头燕雀、夜莺和鸫鸟；唧唧啾啾叫的是甲虫和螽斯（昆虫，身体绿色或褐色，触角呈丝状，是农林害虫。螽，zhōng），咚咚击鼓的是啄木鸟，吹笛子的是黄莺和白眉鸫鸟。

狐狸和柳雷鸟哇哇叫；狍子叫起来有如咳嗽；狼在嗥（háo）；雕鸮的叫声像哀叹；熊蜂和蜜蜂忙忙碌碌，嗡嗡声不停；青蛙叫声咕咕呱呱。

放不开歌喉的也不难为情，它们发挥所长，各显神通。

啄木鸟挑选发声响亮的干树枝做鼓，坚硬而灵巧的喙便是鼓槌。

天牛坚硬的脖子嘎吱嘎吱作响，听起来活脱脱像提琴声！

螽斯的爪子带钩，翅膀上有倒钩，爪子弹拨翅膀，照样能发出乐声（螽斯靠翅膀发声，此处有误）。

棕红色的大麻鳽（héng）的长嘴往水里一伸，开始吹泡泡，水扑通扑通响了起来，犹如公牛在叫，响彻整个湖面。

还有田鹬，它连尾巴都能歌唱。你看它伸展开尾巴，昂首飞上高空，然后一头俯冲下来，风儿拨弄得它尾巴嗡嗡作响，听起来像小羊的咩咩叫。

好不精彩的林中乐队。

过　客

大树和灌木丛下，离地不远的高处，顶冰花那黄色的小花，星星点点，熠熠生辉。

早在树木枝头还是光秃秃、灿烂的阳光畅行无阻直达地面的时候，它们就露面了。顶冰花便是迎着这样的阳光开放的，与它们为伴的还有盛开的紫堇花。

看到这些最先开放的花儿是何等的赏心悦目呀！紫堇花上上下下美不可言：形状别致的紫色花朵连着的长托（专用术语，指花萼下部细长的空管），在茎的末端汇成一束，青灰色的小叶子，边缘像锯齿一样整齐。

现在，顶冰花和它的伙伴紫堇花的花期已过，树荫重重，要是这时候还不准备“回家”，生命就要受到威胁了。它们的家在地下，它们在地面上充当过客的角色，播撒完种子之后，就消失得无影无踪——它们那蒜头似的鳞茎和圆形块茎将待在地下深处，安然度过整个夏、秋、冬三季。

要是你想把它们移栽到自家园地里，赶紧趁它们迟开的花儿还未凋谢，把它们挖出来吧。挖的时候千万小心，这些小植物淡白色的地下茎居然有那么长，真令人叹为观止！

在土地冻得厉害的地方，我们这些过客的鳞茎和块茎钻得很深很深，在有保护层、暖和的地方则离地面近些。

Н. М. 帕甫洛娃

田野蛙鸣

我和一位同学一起到田里去除草。我们轻手轻脚地走着，忽然听到草丛里传来此起彼伏的歌声："卜齐卜洛齐（拟声词，与俄语'去除草'听起来相似）！卜齐卜洛齐！卜齐卜洛齐！"

我听了回答说："我俩不就是去除草吗？"

可对方照样唱它的："卜齐卜洛齐！卜齐卜洛齐！卜齐卜洛齐！"

我俩经过一个洼地，只见两只青蛙头探出水面，鼓起耳朵后面的鼓膜，一个劲儿地叫。一只在喊："多啦（拟声词，俄语中的'傻瓜'）！多啦——啦！"另一只回应它："萨马卡卡瓦（拟声词，意思是'你自己又怎么样'）！萨马卡卡瓦！"

我们一走近地头，圆翅膀的麦鸡就过来迎接我们。它们在我们的头顶上扑扇着翅膀，问我们："齐伊维？齐伊维？"它们问了一遍又一遍。我们只好回答说："我们是克拉斯诺雅尔卡村的。"

驻林地记者　库洛奇金（克拉斯诺雅尔卡村）

海底奏鸣曲

把水底的声音录下来，通过广播器材播放出来，房间里便响起人类闻所未闻的声音，把房间里的人声全淹没了：有低沉的唧唧声，有刺耳的尖叫声，有呻吟声，有哼哈声，还有别具特色的咯咯声，忽然传来一阵震耳的哒哒声……这些都是黑海里的各种鱼类发出的声响。不同的鱼都拥有自己独特的、与水底王国其他鱼迥然不同的声音。

现在，通过独特的海底声呐装置——灵敏度高的水下"耳朵"，我们深信，水下绝不是个无声的王国，鱼类也不是哑巴。这一发现有很大的实用价值：借助水下测音器，就可以探明什么地方聚集着有捕捞价值的鱼类，以及它们洄游的路线。这样就可避免出海捕捞的盲目性，准确地定位鱼群所在的位置。将来，人类可以模仿鱼发出的声音来诱捕。

护花使者

花儿中最娇嫩的就是花粉了，因为它一遇湿就坏掉了。雨水和露珠对它们都有害。那么，它们通常是如何保护自己的呢？

铃兰、黑果越橘和越橘的花儿好像是一只只悬挂着的小铃铛，所以它们的花粉始终都会得到这些保护罩的呵护。

金梅草的花儿是朝天开的，但花瓣像只匙子，向里弯着，而层层花瓣的边儿紧紧挨在一起，从而形成了一个严丝合缝的毛蓬蓬的小球。雨水打来，落到花瓣外面，里面的花粉却安然无恙。

凤仙花——这时候还只是含苞待放——它的花儿都躲在叶子下。真是一些有心计的家伙：它们的腿都伸过叶柄，牢牢地占据了叶子下的位置，自然可以高枕无忧了。

野蔷薇有许多雄蕊，遇到刮风下雨，花瓣就闭合起来。白睡莲的花儿也一样，遇到下雨，也把花瓣闭起来。

毛茛的花儿每逢下雨就把头垂下来。

H. M. 帕甫洛娃

林中小夜曲

有位驻林地记者给我们写信："晚上，我在林中转悠，倾听森林夜晚的声音。我听到了各种各样的声音，都是什么东西发出的，我说不上。你们说，我该如何向《森林报》撰写有关的报道呢？"

我们回答说："请把听到的声音如实记录下来，让我们做出分析。"

于是他给本报编辑部又寄来了信：

"说实在的，晚上我在森林里听到的都是些乱七八糟的声音，绝不是你们所写的那种乐队演出的乐声。

"鸟儿的叫声全都停了之后，林子里一片寂静。已经是半夜了。

"这时候，高处响起了低沉的琴声。开始时很轻，慢慢地高起来，越来越响，后来变得非常低沉浑厚——接着又轻下去，轻下去，最后什么也听不到了。

"我心想：反正有了这个开头，算是不错了。哪怕是单弦独奏，到底开始演奏了。

"这时候冷不防周围响起了'哈——哈——哈！嚯——嚯！'声。那声音可吓人了，吓得我背脊直起鸡皮疙瘩。

"我心想：这下倒好，人家这是在给乐手喝倒彩，在嘲笑它哩！

"林子里又静了下来。过了很久，我想，别再想听到什么声音了。

"过了好一会儿，我听到像是有人在给留声机上发条，上呀，上呀，就是听不到有什么乐音出来。我暗想：留声机坏了，还是怎么着？

"不上发条了，悄无声息。不久又上起了发条：嘎吱，嘎吱……没完没了，烦死人了。

"到底上紧发条了。我想：好了，这会儿该把唱片放上去了，马上就能听到乐声了。

"猛地，有人鼓起掌来了，掌声热烈而响亮。

"怎么回事？我纳闷，'没人表演过什么，怎么鼓起掌来了？'

"就这么回事。过了一会儿，又一个劲儿地上起了发条，上了很久很久，可就是没放唱片，但掌声一阵接一阵。我一气之下，掉头回家了。"

应该说，我们的这位记者真不该生气。

他不是听到过低沉的单弦独奏吗？这是某种甲虫——也许是五月金龟子吧，从他头顶飞过时发出的声音。

他说的令人毛骨悚然的哈哈声，是一种叫作"林鸮"的猫头鹰的叫声。

它生来就是这样讨人厌的声音，你说有什么办法？

给留声机上发条的嘎吱嘎吱声，那是蚊母鸟在叫，这也是种爱在夜晚出没的鸟儿，不过它并不是一种猛禽。蚊母鸟压根儿就没什么留声机，那声音是从它的喉咙里发出来的。它还以为自己的歌声美着哩。

鼓掌的也是它，蚊母鸟。它自然不是用手来鼓掌的，而是在空中拍打翅膀时发出的啪啪声！倒是像极了掌声。

它干吗要这么做？编辑部可解释不了，因为我们自己也不知道。

也许它只是觉得好玩吧。

游戏和舞蹈

鹤在沼泽地里开起舞会来了。

鹤聚成一个圆圈后，便有一只或一双来到场地中央，翩翩起舞。

开始时倒不怎么样，不过是长腿儿在蹦高。接着可就来劲儿了：它们迈开大步，连蹿带跳，花样百出，笑死人了！转圈圈，蹦蹦跳，打矮步，简直在跳特列帕克舞（俄罗斯民间的一种顿足跳的舞）！那些站成一圈的鹤跟着有节奏地扇动翅膀。

猛禽的舞会可是在空中举办的。

尤其是鹰隼与众不同，别有一番情趣。它们高高飞上云端，各显神通。时而冷不防收起双翅，从令人头晕目眩的高空像石块一样跌落下来，快贴近地面时，才展开翅膀，飞出一个大圆圈，重回云天；时而在离地面很高很高的地方停住，展开翅膀，身子凝然不动，仿佛被一根线拴在云端；时而一个接一个翻起了跟斗，简直成了在空中表演的小丑。它不断翻转着冲向地面，翅膀发出猎猎声。

最后飞临的一批鸟儿

春天快要结束了。我们列宁格勒州飞来了最后一批鸟儿。它们都是在南方越冬的。

不出我们所料，这些都是装扮得五彩缤纷的鸟儿。

如今，草地上盛开着鲜花，灌木丛和大树披上新绿，枝叶成荫，这里成了躲避猛禽袭击的好处所。

彼得宫（1709年，彼得大帝在列宁格勒近郊兴建的皇家行宫）的一条小溪上，出现一只翠鸟，它来自埃及。这只鸟儿身披蓝中带绿并杂有咖啡色的外衣。

在树丛中，几只长着黑翅膀的毛色金黄的黄莺，叫声像吹笛子，又像一只瘦弱的小猫在叫，它们来自非洲南部。

在湿漉漉的灌木丛中出现蓝肚皮的蓝喉歌鸲和羽毛斑驳的石鹏，沼泽地里也有金黄色的鹡鸰出没。

来这里的还有肚皮毛色各不相同的红尾伯劳鸟，毛色各异、翎毛蓬松的流苏鹬和绿中带蓝的蓝胸佛法僧鸟。

长脚秧鸡徒步来到这里

有一种奇异的飞鸟——长脚秧鸡从非洲来到这里。

长脚秧鸡不善飞行，飞行速度也不快。

它们飞行时容易被鹰和隼所捕获。

不过长脚秧鸡奔跑起来速度很快，而且对于如何在草丛里巧妙藏身很在行。

所以它宁愿凭着两条腿跨越整个欧洲，悄悄地走过草地和树丛。只有到了海边，无路可走，它才动用翅膀，并且是在夜里飞行。

现在，长脚秧鸡整天待在高高的草丛上叫唤着："唧——唧！唧——唧！"

它的声音倒是容易听到，可要是想把它从草丛中赶出来，看看它长什么模样，你倒是试试，看你有没有这样的能耐！

谁该笑，谁该哭

林子里，个个都很快乐，只有白桦在流泪。

在灼热的阳光照射下，桦树白色躯干内的汁水流动得越来越快，透过树皮的孔渗到了外面。

人们认为白桦树汁是一种有益而可口的饮料，便切开树皮，把它的汁水收集起来，装进瓶子里。

树木的汁水一旦流出太多，就会枯死。因为树汁就像人身上的血液，必不可少。

松鼠爱吃肉

整个冬天，松鼠只吃植物性食物。它吃坚果的仁，吃秋天储藏起来的蘑菇。时候到了，现在可以开荤了。

许多鸟儿已筑好了窝，产下了蛋，有的甚至孵出了小鸟。

这正中松鼠的下怀，因为它可以在树枝间和树洞里找到鸟窝，叼走里面的小鸟和鸟蛋美餐一顿。

这种可爱的啮齿动物干起损毁鸟窝的坏事来，丝毫不比任何猛禽逊色。

我们的兰花

这种有趣的花儿在我们北方可是稀罕的玩意儿。一见到它，你很容易联想到它那些大名鼎鼎的亲属——长在热带丛林里的迷人兰花。在热带丛林里，在树上也能见到兰花，可在我们这里，它只能长在地里。

我们这儿有几种兰花，它们的根很怪，活像张开手指的胖胖小手。它们开的花儿有的很美，有的却不怎么好看。不过，无论哪种兰花——香子兰、舌唇兰、红门兰——都香气袭人，闻起来令人陶醉不已。

要说我们这儿哪种兰花最出色，那便是我最近在罗普什见到的那种。这种我不了解的植物开着五朵漂漂亮亮的大花。我伸手把一朵花儿向上翻了翻，但见一只怪模怪样、暗红色的苍蝇紧贴着花朵，停在里面，我立马厌恶地缩回了手。

我用一个麦穗拍打了一下苍蝇，它一动不动，我仔细一看，原来那不是苍蝇。它的身子毛茸茸的，满是蓝色的斑点，短短的翅膀也是毛茸茸的，此外还有一对小胡子。反正它不是苍蝇，而是花儿的一部分。当时我并不知道那是娥菲里斯蝇状兰的一部分。

H. M. 帕甫洛娃

找浆果去！

草莓成熟了。阳光下，哪里都可以见到完全成熟的鲜红草莓浆果——多香，多甜的浆果！只要吃一口，就让人回味无穷。

黑果越橘也成熟了。沼泽地里的云莓正在成熟。黑果越橘矮丛上的浆果很多很多，而每棵草莓的浆果至多只有 5 颗。结果最少的是云莓，它的茎顶只结一颗果实，而且并非每株都会结果——开的尽是些不结果的花儿。

H．M．帕甫洛娃

这是什么甲虫

我发现了一种甲虫，但不知道它叫什么，吃什么。

这种甲虫跟瓢虫一模一样，只是瓢虫浑身红色，点缀着黑色小圆点，而这种甲虫通体黑色。它的身子圆滚滚的，比豌豆大一点儿，长着六只小爪子，会飞，背上有两片黑色小硬翅，硬翅下是两片黄色软翅。它翘起黑色硬翅，伸出黄色软翅，就飞起来了。

有趣的是，一旦发现有危险，它就把爪子藏到肚皮下，触须和脑袋缩进身子里，藏了起来。如果把它抓到手心里，说什么也看不出它是甲虫，这时候倒很像一颗小小的黑色水果糖。

可要是过了一会儿，不去碰它，它所有的爪子就会伸出来，接着又探出脑袋，再伸出触须。

我非常想知道，这是什么甲虫，能告诉我吗？

柳霞·留托宁娜，12 岁

编辑部答复

　　你已详尽地描述了自己见到的甲虫，我们一下子就判断出那是什么甲虫。那是阎虫，属盾蜍科。它像乌龟，行动缓慢，而且爱把头脚缩进甲壳里。它的甲壳里有很深的凹陷，藏得下爪子、脑袋和触须。

　　阎虫有多种：有黑色的，也有其他颜色的。它们全都吃腐败的植物和粪便。

　　有一种黄色的阎虫，全身长着小茸毛，和蚂蚁生活在一起，来去自由。不飞了，它就回到蚂蚁窝。蚂蚁不去碰它，蚂蚁在保护自己巢穴不受外敌破坏的同时，也保护了自己的同居者阎虫。

摘自少年自然界研究者日记：

毛脚燕的巢

　　5月28日。一对毛脚燕在邻居小木屋的房檐下，正对着我窗口的地方，筑起巢来了。我挺高兴，因为现在我能看到燕子是如何营造自己精美的小圆屋，能看到从开工筑巢到完工的全过程。它们什么时候坐窝孵卵，怎样喂小燕子，我都能了解得一清二楚了。

　　我一直注视着，我的燕子往哪儿去找建筑材料——原来就在村子中间的小河边。它们到了近水岸边，用喙啄来一小块黏土后，立即衔着泥土飞回木屋。它们在房檐下轮流换班，把泥土粘在墙上，又匆匆回去取新的泥块。

　　5月29日。遗憾的是，高高兴兴地看着燕子筑新窝的不只是我一个人，还有一只待在邻居家叫费多谢依奇的公猫，现在它一早就爬上了房顶。这是一只猫毛零乱的灰色流浪猫，在和别的公猫打斗时把右眼打瞎了。

这只猫注视着飞来的燕子，眼睛死死地盯着房檐，看燕子窝做好了没有。

燕子见状发出警报，只要猫不离开房顶，就停工不再做窝了。敢情燕子打算飞走，不再回来了？

6月3日。这几天里燕子做好了窝的底部——薄薄的一圈，像镰刀似的。费多谢依奇老爱爬上房顶，引起燕子惊慌，影响工程进度。今天，过了午后，就是不见燕子飞来，看来它们打算抛弃这个工地，另找更安全的地方做窝，那样一来我可是什么也看不到了。

6月19日。这几天一直都很热。房檐下镰刀形泥窝已经干了，由黑色变成了灰色。燕子始终没再露面。白天，天空乌云密布，下起了白花花的雨。那可真是一场瓢泼大雨！窗外仿佛挂上一层由透明的雨柱编成的帘子。街上奔流着雨水汇成的小溪。哪儿也别想蹚水过去：河水已漫上了岸，发了疯似的哗哗流淌，两岸的稀泥淤积得很厚，脚踩下去都没过膝盖了。

快到傍晚，雨停了。房檐下飞来一只燕子。它的身子在那做了一半的镰刀形窝上紧紧贴了一会儿，又飞走了。

我心想："也许燕子不是被费多谢依奇吓走的，而是因为那些天没地方找到潮湿的泥土吧？它们也许还要飞来吧？"

6月20日。飞来了，果然飞来了！不只是一对，而是整整一群——整整一大队人马。它们都聚集在屋顶上，转呀转，注视着屋顶下方，叽叽喳喳，显出焦虑不安的神情，像是在为了什么争论不休。

争论了约莫10分钟之后，燕子一下子全都飞走了。只有一只留下来。它的两只爪子紧贴那个泥土镰刀，一动不动地停在那儿，只用喙修整着什么，也许是把自己黏稠的唾液涂抹在泥土上。

我相信，这是只母燕——这个窝的主人。因为不久飞来一只公燕，把一小团泥从自己的喙里吐到母燕的喙里。母燕又动手做窝，而公燕又飞走去取泥了。

公猫费多谢依奇上了房顶。但燕子并不怕它，不嚷也不叫，埋头干活儿，直忙到太阳下山。

如此说来，我能亲眼一见燕窝的落成了！但愿房顶上的费多谢依奇的爪子够不到燕窝。不过燕子不会不知道，自己的窝做在哪里最安全。

驻林地记者　维丽卡

白腹鹟的巢

5月中旬的一天晚上，8时左右，我在自家花园里发现一对白腹鹟。它俩待在板棚顶上，板棚旁边有株白桦树，我在树上挂上了一只带活动盖的树洞形的鸟窝。过了一会儿，雄鸟飞走了，雌鸟留下来没走。它飞到我做的鸟窝上，但没有进去。

过了两天，我又见到了雄鸟，它钻进了鸟窝，待了一会儿，飞出来停在一株苹果树枝上。

飞来一只红尾鸲，两只鸟儿一见面就打起架来。明摆着：白腹鹟和红尾鸲都是以树洞为巢的鸟儿。红尾鸲想从白腹鹟手中夺过鸟巢，可对方不答应。

白腹鹟夫妇在鸟巢里安下了家。雄鸟老唱着歌儿，喜欢往窝里钻。

白桦树梢来了一对苍头燕雀。但白腹鹟对它们不理不睬。这是再明显不过的事：苍头燕雀不是白腹鹟的对手，窝还是自己动手来做，它们可不住树洞，吃的东西也很杂。

又过了两天。

早晨，飞来一只麻雀，停在白腹鹟的窝前，雄鸟一见便追着麻雀冲进了窝。窝里开始了一场恶斗。

突然一下子没了动静。

我赶忙跑了过去，走近白桦树，用棍子敲了敲树干。麻雀从窝里跳了出来，雄白腹鹟却不见出来。雌白腹鹟在树洞形鸟窝边飞来飞去，惶恐不安地叫着。

我生怕雄白腹鹟已一命呜呼，便往窝里瞧了瞧。

　　雄白腹鹟还活着，但已遍体鳞伤。窝里有两只鸟蛋。

　　雄白腹鹟在窝里待了很久，飞出来时，显得虚弱不堪：它落到地面之后，竟遭到几只母鸡驱赶。我担心它再遭不测，便把它带回家，用苍蝇喂它。晚上我又把它放回鸟窝。

　　过了7天，我又往窝里瞧了瞧。一股霉烂的气味扑面而来。窝里趴着孵蛋的雌鸟，身旁躺着雄鸟，身子倒向洞壁，死了。

　　我不知道麻雀是不是又来袭击过，还是第一次打斗后它本就难逃一死的厄运。

　　雌鸟没有飞出窝，甚至当我把死了的雄鸟从窝里掏出来时，它也没有反应，一心一意孵着蛋。

伏洛佳·贝科

之前，云杉王国、白桦王国和山杨王国都在为战事做准备。这一次，争夺战会不会开始？云杉是否能够顺利地抢占领地？山杨和白桦是不是云杉的对手呢？这一场有趣而又精彩的争夺战，我们可不能错过。

林间战事（续前）

你们记不记得，几位记者给我们写的有关那块林中树木被砍伐一空的空地的报道？他们在那里生活了好长时间，他们一天又一天地待着，指望那里又生发出绿意，地上长出幼小的云杉来。

这样的景象果然出现了：经过几场温暖的春雨后，终于有一天，空地上又是绿油油的一片。

可是，从地下探出头来见天日的都是什么呢？

不是云杉幼苗！捷足先登的是横行霸道的野草类植物，它们是莎草和拂子茅。它们长得又快又密，尽管云杉苗拼命地从地下往上长，但还是迟了一步，领地已被野草大军占领了。

随之开始了第一场争夺战。

云杉苗举着锋利的矛——树梢，艰难地挑开头顶密密麻麻的野草大军，而野草也不肯示弱，它们仗着人多势众，摆开阵势，往幼树身上压将过来。不论是地上，还是地下，恶战正酣。

野草和树苗的根缠在一起，就像穷凶极恶的鼹鼠，在地底乱战一气。它们彼此纠缠成一团，你掐我，我勒你，为了富有营养和盐分的水，争得你死我活。

结果，许多幼小的云杉苗再也见不到天日，在地下被铁丝一样柔韧而结实的草根勒死了。

而那些有幸钻出地面的云杉苗也遭到野草茎条的缠绕，面临着被憋死的危险。

野草死死缠住结实的云杉树干。幼树千方百计往高处长，同时用尖利的树梢捅破富有弹性的草茎织成的罗网，但野草死活不让云杉钻到上面沐浴到阳光。

侥幸从拼死阻挠的野草大军魔掌中逃脱的云杉苗可说是寥寥无几。

在界河对岸空地上恶战正酣的时候，白桦刚开花。但山杨已做好出征的准备，要登上河对岸那块空地。

山杨的荑黄花序已经张开，每个花序里都飞出几百个顶着白毛的小种子，它们就是一个个张着白色降落伞的独脚小伞兵。

风欢快地抓住小茸毛，托着种子，轻盈地在空中打着旋，像朵朵白云，在小河上转呀转。它们转过了河，种子撒到了空地的四面八方，直撒到云杉王国的边缘。

这些独脚的小伞兵雪片般降落在云杉和野草的头上。第一场雨把它们冲下来，埋进了地下，再也见不到它们的踪影了。

日子一天天过去。空地上的战斗仍在继续。但看得出，野草在云杉面前已无能为力了。

野草拼着老命往上长，但很快再也长不高了，可云杉有的是时间和精力去长个儿。

这时候野草族的日子糟透了。小云杉舒展开那长满黑黝黝、密麻麻叶子的枝条，劈头盖脸向野草压过来，害得对方再也见不到阳光。在树荫的遮盖下，野草日渐枯萎，瘫了下去。

但是从地下又冒出一支军队，那是山杨大军。它们出来时一簇簇，一丛丛，紧紧挨在一起，显得战战兢兢，浑身哆哆嗦嗦。

它们自知姗姗来迟，说什么也斗不过强壮的云杉啊。

云杉浓密的枝叶黑压压地盖在小山杨的头顶，小山杨只好屈服退让，在阴影中无奈地憔悴下去，最后枯萎。

山杨是种喜爱阳光的植物，缺了阳光，根本活不下去。

眼看云杉就要大获全胜了。

这时候，空地上又降落一批新的来犯的空降兵。它们是架着双翅滑翔机来的。

起初，它们也像山杨，一来就到地下埋伏起来。它们就是白桦的种子。它们嘻嘻哈哈地过了河，也四面八方地散布在空地上。

它们能不能战胜第一批占领军——云杉呢？我们的记者还不得而知。

下期的《森林报》将刊登它们的最新报道。

阅读链接

《昆虫记》

其实，昆虫也是一个十分庞大的群体。有一本专门讲昆虫的书——《昆虫记》，这是法布尔毕生观察、研究昆虫，并融入自己独特的人生思考做的笔记。这本书以生动有趣的语言详细描写了昆虫的体态特征、生活习性，真实记录了多种常见昆虫的出生、劳作、繁衍和死亡，是一部关于昆虫的悲喜剧。

这个月，农庄里可没有歌唱家，更没有舞蹈家，有的只是勤奋的劳动者。庄员们为秋播作物做好准备，少先队员们也来帮忙，剪毛工在用电动推子给绵羊理发，农庄里的牲口越来越多……

农庄纪事

庄员的活儿可多了：播种之后，要把厩肥和化肥运到地里，把肥料撒到地里，为来年的秋播作物做好准备。然后，庄员再干园地里的活儿：首先是种土豆，接着栽种的是胡萝卜、白萝卜、黄瓜、芜菁和甘蓝。这时候亚麻已长高，得除草了。

孩子们也在家里待不住了。无论是田头，还是菜园和花园，他们都能帮上忙。他们可以种庄稼、除草、给树木修枝剪叶。农活儿可多哩！他们要扎好够一年用的桦树枝条扫帚，摘野荨麻的嫩头，用来做汤料。这种嫩头和酸模做的绿色菜汤可好吃了。他们还要捕鱼，捉欧鲌、斜齿鳊、红眼鱼、河鲈鱼、梅花鲈、小欧鳊鱼、小雅罗鱼。捉小狗鱼用网和鱼篓，捉河鲈鱼、狗鱼、江鳕鱼用诱饵，其他的鱼用钓竿钓。

晚上用大抄网（张在一个带长柄的框子上的口袋状渔网），什么鱼都能捕到。

夜里，他们从岸上撒下捕虾的网袋，自个儿稳坐在篝火旁，等更多的虾聚拢过来。与此同时，几个人谈天说地，说笑话，讲恐怖故事，不亦乐乎。

清早时分，再也听不到野公鸡——灰色山鹑的啼声，因为秋播的黑麦已长到齐腰高，而春播作物也已长高。

野公鸡还在老地方，可不能再叫唤了，因为近在身旁的窝里有蛋，母鸡在坐窝孵蛋呢。这时候要是叫出声来，就会招灾惹祸了：要是被鹰、小孩或狐狸听到，个个都会闻声赶过来——这些家伙可都是掏鸟窝的高手。

帮大人干活儿

假期一开始，我们少先队小队就开始帮大人干农活儿了。我们给庄稼除虫，消灭虫害。

我们又休息，又干活儿，劳逸结合。

还有许多事等着我们去干，要我们操心。很快庄稼就要收割了。到时候我们要去拾麦穗，帮助女庄员捆麦束。

驻林地记者　安妮娅·尼基金娜

新森林

俄罗斯的中部和北部地带，春季造林已经结束。新的造林面积达到10万公顷左右。

今年春季，苏联欧洲部分的草原地区和森林草原地区的农庄种植了大约25万公顷的防护林带。

与此同时，农庄还开辟了大量的苗圃，将为来年提供超过10亿棵各种品种的树木和灌木的幼苗。

到了秋季，俄罗斯的林场将种植几十万公顷的新森林。

塔斯社讯

集体农庄新闻

H. M. 帕甫洛娃

逆风来帮忙

"突击队员"农庄从亚麻地里给我们寄来了投诉信。亚麻幼苗抱怨说，地里出现了敌人——杂草，害得它们活不下去了。

农庄立马派出女庄员去助亚麻一臂之力。她们动手整治这些敌人，而对亚麻百般呵护。她们脱了鞋袜，光着脚，小心翼翼地迈着步，始终顶着风走。女庄员踩过后，亚麻倒伏下去。但是一阵逆风吹过，亚麻的细茎被风一推，又立了起来。亚麻又能没事似的，立稳脚跟，挺直身子了。而它们的敌人已被消灭干净。

今天头一次

一小群牛犊今天头一次被放到牧场上。你看它们东奔西跳，摇头晃尾，别提有多开心了。

绵羊脱下棉袄

"红星"农庄的绵羊理发室里，10位经验丰富的剪毛工，在用电动推子给绵羊理发。说是理发，那简直是要剥掉绵羊的一层皮，把人家浑身上下的毛全给剪掉了。

我的妈妈在哪里

羊妈妈的一身毛被牧羊人剪得精光，被送到羊宝宝身边。

"妈妈，你在哪里？你在哪里？"羊宝宝哭喊着问。在牧羊人的帮助下，它们这才找到了自己的妈妈。接着，又一批绵羊被送到理发室去剪毛了。

牲口群越来越兴旺

农庄里的牲口群规模日益扩大。今年春天出生了多少小马、小牛、小绵羊、小山羊和小猪呀！

单昨天一个晚上，"小河"农庄的小学生——小小牲口饲养员们的牲口群就扩大了4倍。原先只有1只山羊，如今有4只了：山羊妈妈库姆什卡和3只羊崽——库扎、姆扎和施卡里克。

重要的日子到了

果园的重要日子到了。草莓已经开花，低矮而滚圆的樱桃树上盛开着雪白的花朵，昨天，梨树枝头已是花蕾点点。再过一两天，苹果树也花满枝头了。

在"新生活"农庄里

昨天"新生活"农庄池塘旁的新园地里来了新住户——南方的蔬菜番茄。过去番茄都长在温室里。黄瓜搬来与它们做起了邻居。这些番茄都是些结结实实的小伙子，正准备开花。黄瓜可都是些小娃娃，它们都躺在白色的封套里，只露出鼻尖哩。大地母亲呵护着这些小娃娃，免得被馋嘴的鸟儿发现。黄瓜能快快长大，赶得上番茄吗？

来帮帮六只脚的朋友吧

一说到与农业有关的昆虫，我们首先就想到了一大帮个儿小小的，但对庄稼十分有害的敌人。可我们忽略了那些6只脚的朋友，它们在田地里为了我们忙碌着，它们虽小个儿，却数量众多。我们也忽略了它们在为植物授粉方面所起的重要作用。6只脚、长翅膀的昆虫种类繁多，其中有蜜蜂、丸花蜂、姬蜂、甲虫、蝇类、蝶类，它们无不为黑麦、荞麦、亚麻、苜蓿、向日葵等植物授粉，把花粉从这朵花送到那朵花上。

通常遇到这种情况，即这些小小的劳动者力气太小，提供的花粉满足不了所有庄稼的需要时，我们就需要亲自动手助它们一臂之力。

我们用一根绳子来为黑麦、荞麦、亚麻、苜蓿等授粉。两个人拉着一根绳子，一人拉一端，从开花植物梢头上拖过，梢头被碰得弯下来时，花粉跟着从花儿上落下来，随风飘散到整个田地里，或粘在绳子上，被带到别的花儿上去。而给向日葵授粉的方法是：把花粉收集在一块兔皮上，再把兔皮上的花粉扑到开花的向日葵的花盘上。

在如此温暖的日子里，都市里来了一些新的客人。会说人话的鸟儿、来产卵的胡瓜鱼和正穿过城市的斑胸田鸡都给城市带来了新的生机。这个时候，雨水的滋润使得蘑菇纷纷从土里长了出来，最有趣的活动就是去采蘑菇了。

都市新闻

列宁格勒的驼鹿

5月31日清晨，人们在密切尼科夫医院旁边发现一头驼鹿。这几年，在城市边缘地区发现驼鹿已不是第一次了。正如大家猜测的，驼鹿是从弗谢沃洛斯克区的森林来到列宁格勒的。

鸟儿说人话

《森林报》编辑部来了一位公民，他说："早晨我在公园里溜达，冷不防灌木丛里响起了口哨，高嗓音，挺执拗，像是问我：'见过特里什卡吗？'四周没个人影，只有一只鸟儿——浑身红彤彤的，待在树丛里。我打量了它一眼，心想：'这是什么鸟儿，叫得这么清晰？它问的那个特里什卡又是哪个？'它还是问那话：'见过特里什卡吗？'我跨上一步，来到它跟前，想看个明白。可它嗖的一声钻进树丛，没了踪影。"

这位公民见到的鸟儿叫朱雀，是从印度飞来的。它的叫声里确

实能听出像是在问什么。不过要是用人类的语言翻译过来，不同的
人听起来有不同的意思。有人以为是："见过特里什卡吗？"也有
人说是问："见过格里什卡吗？"

海上来客

最近几天，大量的胡瓜鱼密密麻麻地从芬兰湾游到涅瓦河来。
它们是来涅瓦河产卵的。这下可把渔民累坏了：网里进了这么多鱼，
够他们忙的。

胡瓜鱼产完卵又回到大海里去了。

海洋深处的客人

海洋里有许许多多各色各样的鱼，它们都要到江河里来产卵。
孵出来的小鱼又从江河返回大海。

只有一种鱼出生在深海，再从深海游到江河里待上一辈子。这
种鱼的出生地是大西洋的马尾藻海。

这种稀奇古怪的鱼叫铜板鱼。

诸位没听说过吧？

这也难怪，因为只有在这种鱼还很小、生活在大海的时候，才
叫它铜板鱼。

那时候它通体透明，连肠子也一目了然。两侧扁扁的，像张纸。
一旦长大了，这种鱼便像蛇。

说到这里，你该想起它的真名来了吧？它就是鳗鱼。

铜板鱼在马尾藻海生活了三年，到了第四年，它们摇身一变，
成了玻璃一样透明的小鳗鱼。

这个时节，玻璃般透明的鳗鱼成群结队，浩浩荡荡地来到涅瓦河。

从大西洋深处自己神秘的故乡来到这儿，它们游过的距离有25 000千米。

试 飞

在大街、公园或街心花园行走的时候，不妨抬头看看，免得被从树上掉下来的乌鸦和椋鸟的雏鸟，或从房顶上跌落的麻雀和寒鸦的幼鸟，砸到脑袋。这时节，这些雏鸟正从窝里出来学飞行呢。

斑胸田鸡在城里昂首阔步

最近，郊区的居民夜间常听到断断续续的低声尖叫："福奇——福奇！……福奇——福奇！"叫声开始时是从一条沟里传出来的，后来又从另一条沟响起。

这是斑胸田鸡——一种生活在沼泽地里的雌田鸡正在穿过城市。斑胸田鸡是长脚秧鸡的近亲，也是徒步跨越欧洲来到我们这儿的。

采蘑菇去！

一场温暖的春雨过后，你可以到城外去采蘑菇了：红菇、牛肝菌和白菇纷纷从土里钻了出来。

这是夏天第一批长出来的蘑菇——抽穗菇。之所以取名抽穗菇，那是因为它们出现的时候，越冬的黑麦正好抽穗。到了夏末这些蘑菇就不见了。

一发现花园里的丁香花开始凋谢，你就知道春季已结束，夏天要来了。

有生命的云

6月11日，列宁格勒涅瓦河畔的滨河大街上人来人往，熙熙攘攘。晴空万里，闷热异常。房子里和柏油马路上热得叫人喘不过气来。孩子们变得烦躁不安。

突然，宽阔的河对面出现一大块灰色的云团。

行人都停下脚步，抬头看了起来。云团在低空移动，简直贴在水面上了——眼看着它越变越大。

说话间，行人被一阵阵窸窸窣窣声包围，他们这才明白过来，这不是云，而是一大群蜻蜓。

刹那间，周围的一切变戏法似的，全变了样。

不计其数的翅膀扇动起来，刮起了一股凉凉的轻风。

孩子们不再淘气，他们兴高采烈地看着阳光透过斑斓多彩的、云母般的蜻蜓翅膀，在空中闪烁出彩虹般的光。

行人的脸全都变得绚丽多彩，张张脸上闪烁着一道道微小的彩虹，日影和亮光星星点点，闪闪烁烁，斑斑驳驳。

有生命的云团伴着窸窸窣窣声，掠过滨河街上方，升向高处，消失在楼群之后。

这些都是刚出生的小蜻蜓。它们成群结队，齐心协力，立即飞去寻找新的住处。可是它们是哪里出生的，降落到什么地方，我们不得而知。

成群结队的蜻蜓常常在不同的地方出现。如果你见到了，应该注意一下，它们是从哪儿飞来的，打算飞到哪儿去。

列宁格勒州新出现的野兽

在我们州叶菲莫夫区和邻近区域的森林里，最近几年，猎人们常常遇见一种当地居民也陌生的野兽。它的身子跟狐狸一般大小，这便是乌苏里貉，模样像浣熊，或直接称它乌苏里浣熊。

它怎么会到这里来？

道理很简单：用火车运来的。

10年前，人们运来50只小乌苏里貉，放进了我们的森林。现在，它们在这里已大量繁育，数量之多，可以允许捕猎了。

乌苏里貉的毛皮很珍贵，整个冬季都可以捕猎，因为它们在我们这里不冬眠，不像在它们的故乡，天气太冷了，是要冬眠的。

欧 鼹

有人认为，欧鼹是啮齿类动物，跟所有地下的鼠类一样，生活在地下，吃的是植物的根。但这冤枉了欧鼹，它根本不是鼠类，它更像刺猬，只不过它身上穿的是天鹅绒般的柔软的皮衣。它也是一种以昆虫为食的兽类。它爱吃金龟子和其他害虫的幼虫，因此对我们有益，而且并不危害植物。

不过欧鼹也会在花园和菜园地里挖土刨洞，形成了一个个小土堆，损坏了花卉和可口的蔬菜，因而人们都很讨厌它。不过尽可以平心静气地把一根长竹竿插在地上，上面装上小风车就行了。

风吹动风车，风车一转，竹竿抖动起来，下面的土地也跟着颤动，发出声响，欧鼹很快就被吓得逃之夭夭了。

少年自然界研究者　尤拉

蝙蝠的回声探测器

一个夏天的晚上，一只蝙蝠从敞开的窗子飞了进来。

"赶走它，赶走它！"小女孩儿急急忙忙用头巾包住自己的头，嚷嚷道。可秃头的老爷爷唠唠叨叨说："它扑的是光，干吗往你的头发里钻？"

就是前几年科学家也还不明白，夜里，黑暗中，飞行的蝙蝠怎么会认得路。

蒙上它的眼睛，堵上它的鼻子，蝙蝠照样能避开重重障碍，甚至连拴在房间里的细线也能绕过去——机灵地逃过了罗网。

如今发明了回声探测器，这个谜才得以破解。现在已确认，蝙蝠在飞行过程中，嘴里发出超声波——人耳听不到的微弱的尖细叫声。这种声音一遇到障碍就反射回来，蝙蝠灵敏的耳朵就能"接收"到这样的信号："前面是墙！"或"有线！"或"有蚊子！"只有女性浓密的细发不能很好地传送和反射超声波。

秃头老爷爷自然用不着害怕，可小姑娘一头浓密的头发实际上被蝙蝠误当作"窗子里的亮光"了，所以它才会冲着其中的一扇窗扑过去。

给风力定级

风是我们的朋友——风小的时候。

夏天，炎热的中午，如果一点儿风也没有，我们会热得喘不过气来。完全无风的时候，烟囱冒出来的烟笔直地升上天空。如果空气流动的速度不超过每秒0.5米，我们感觉起来以为没有风，便给它打了0分。

软风的速度是每秒 1～1.5 米，即每分钟 60～90 米，也就是每小时 3.6～5.4 千米。这是人步行的速度——烟囱出来的烟已不笔直了。这时候我们觉得脸上有凉意，呼吸通畅。我们给软风打 1 分。

轻风的速度是每秒 2～3 米，即每分钟 120～180 米，每小时 7.2～10.8 千米。差不多相当于人奔跑时的速度。树叶被风吹得沙沙作响。我们在风的记分册里给轻风记上 2 分。

风速达到每秒 4～5 米，即每小时 14.4～18 千米——大约相当于马小跑时的速度，这种风称为微风。微风只能吹得细树枝摇晃，轻轻松松推动水里的纸折小船跑。我们给微风在记分册里记上 3 分。

气象学称扬起路上的尘埃、掀起海浪、晃动粗树枝的风为和风，速度为每秒 6～8 米。和风得 4 分。

清劲风的速度为每秒 9～10 米，即每小时 32.4～36 千米，与乌鸦飞行速度相当。清劲风能吹得树梢摇曳，摇动森林里的细树干，使大海涌起波浪，吹散蚊蚋。清劲风得 5 分。

强风已开始捣乱了。它摇晃林中的树木，把晾晒在绳索上的衣服吹落在地上，刮掉戴在头上的帽子，吹得排球偏离方向，有碍球赛顺利进行，风速与火车、客车行驶速度相当，约为每小时 39～43 千米。好在气象学家采用的是 12 分制，要是用的是学校的 5 分制，那就没法给强风记分了，因为我们给强风记的是 6 分。

接下去还有什么风，请参看《森林报》第八期，到时候将刊登有关极猛烈的风的报道。在我们地区，秋季风最大。

列宁格勒近郊的狩猎季结束了，而此刻，北方的江河进入汛期，正是狩猎的好时节。猎人怎么会放过这么好的机会呢？他们会选择在什么样的地点、用什么样的方式狩猎呢？又有哪些猎物会"上钩"呢？

狩猎纪事

我国幅员辽阔，列宁格勒近郊狩猎季早已结束，而北方的江河刚开始进入汛期，狩猎正值旺季。许多热衷于狩猎的人这时正往北方赶。

坐船进入春水泛滥的区域

天空乌云密布，夜晚黑漆漆的，像是已进入秋夜。

我和塞索伊·塞索伊奇驾着小划子，在一条林间小河里顺流而下。河岸陡峭。我拿着桨，坐在船尾，他坐在船头。

塞索伊·塞索伊奇是个什么飞禽走兽都打的猎人。他不爱捕鱼。连垂钓的人也不放在眼里。虽说今晚我们是去捕鱼的，可他仍不改初衷，硬说自己出去为的是"猎鱼"，而不是"钓鱼""网鱼"或用别的什么渔具捕鱼。

陡峭的河岸很快过去，我们来到了一片辽阔的泛滥区。有的地方水面露出一丛丛灌木梢头，往前去，黑乎乎的树影幢幢，再往前，屹立着的是黑压压的林木，形成一道树墙。

夏天，一条窄窄的堤岸把一条小河与一个不大的湖隔开，岸上长满了灌木。小湖分出一条小河汊与小河相通。不过这时候已没有必要寻找水道，因为到处水都很深。小划子可以在灌木丛间穿行。

船头的铁板上放着干松枝和松脂。

塞索伊·塞索伊奇用火柴点燃了松枝。

船上的篝火发出红黄色的火光，照亮了宁静的水面，映出了船四周光秃秃、黑黝黝的灌木枝干。

但我们无意观赏四周的景色，只留意身下，注视被照亮的湖水深处。我轻轻地划着桨，并不把桨拿出水面。小舟悄无声息地过去。

我的眼前浮现出一个奇幻的世界。

我们已到了湖上。水底下一些植根于泥土中的庞然大物若隐若现，它们长长的发须交互纠结，左右摇晃。它们是水藻还是水草？

好一片黑洞洞的水潭，深不见底。也许，实际上并不那么深，因为火光透进去照亮的地方最多只有两米深。但见了这么一个黑漆漆的无底深渊怎不叫人毛骨悚然！真不知道里面藏着什么。

突然从水下升上来一只银色的小球，开始时升得很慢，后来越来越快，越来越大。

这时候它已飞快地冲我蹿了过来，即刻就要飞出水面，眼看就要撞到我的脑门上……我不由自主地把头一偏。

只见小球变成红色，钻出水面，破裂了。

原来是普通的沼气泡泡。

我们像是坐在飞船里，在一个陌生的星球上空飞行。

身下漂过一座座岛屿，长满了挺拔的密密的林木，是芦苇吗？

一个黑色的怪物摇摇晃晃，向我伸出多节疤的触手来。这怪物像章鱼，也像鱿鱼，但触手还要多，模样更丑陋，更可怕。这是什么东西？

原来是露出水面的树墩。是个盘根错节的白柳茬子。

塞索伊·塞索伊奇的一系列动作引起了我的注意，我抬起了头。

他站在船上，左手拿着鱼叉——他是个左撇子。他的双眼紧紧盯着水里，目光炯炯，一副军人的气派。看来这位小个子、长满胡子的战士想用长矛吓唬倒在自己脚下的敌人。

鱼叉的木柄有两米长，底端装着五根闪闪发亮、带倒钩的钢齿。

塞索伊·塞索伊奇把被篝火映得通红的脸转向我，扮了个可怕的鬼脸。我渐渐停下船。

　　这位猎人小心翼翼地把鱼叉伸进了水中。我朝下一望，只见水深处有个直直的黑色带状物体。开始时我以为那是根棍子，细一看，原来是一条大鱼的背脊。

　　塞索伊·塞索伊奇慢慢地把鱼叉往深处伸，打斜里过去，他手里拿着鱼叉，人一动不动地站着。

　　突然间，他把鱼叉直直叉下去，说时迟，那时快，眨眼间鱼叉有力地刺进了黑色的鱼背。

　　他把猎物拖出水面时，湖水涌动起来，只见钢齿上挣扎着一条重约2千克的圆滚滚的雅罗鱼。

　　小船继续前行。我很快发现一条不大的鲈鱼，脑袋钻进水下的灌木丛中，停着一动不动，像是陷入了苦思冥想之中。

　　鲈鱼距水面很近很近，甚至看得清鱼腹上的黑条纹。

　　我看了看塞索伊·塞索伊奇。他摇摇头。

　　我明白，在他看来这鱼微不足道，不值得猎取。我们便放过了它。

　　我们就这样在湖上划了一遍。水下王国神奇的景象在我面前一幕幕漂过。再次停下船来，看着塞索伊·塞索伊奇这位猎人猎取水下猎物时，我还是不忍把视线从美景上移开。

　　又一条雅罗鱼和两条硕大的鲈鱼，两条金灿灿的细鳞冬穴鱼从湖底落到了我们小船的船舱。黑夜很快就要过去了。这时候我们的船在被淹没的田野上滑行。燃烧着的树枝和红红的火炭落入水中，发出咝咝声。偶尔听到头顶野鸭扇动翅膀发出的声音，但看不见野鸭的踪影。在一片孤岛似的黑漆漆的树林中，麻雀大小的小猫头鹰在用温柔的声音安抚谁："我睡了！我睡了！"灌木丛后传来悦耳的叽叽声，是小野鸭在叫。

　　我发现，船头的水域中有一段短原木。我把船头转向一边，免得撞上它。突然听到塞索伊·塞索伊奇气呼呼低声喝道："停！……停！……狗鱼！"他激动得说起话来都含混不清了。

　　他麻利地把绳索缠到手上，而绳索的另一端系在鱼叉柄端。

他仔仔细细地久久瞄准目标，小心翼翼地把自己手中的家伙伸进水里。

他使出全身气力，向狗鱼刺去。

得，我们两个人反被狗鱼拉了过去！好在钢齿深深地刺进了鱼身，它怎么也脱不了身。

看来狗鱼足有7千克重。

塞索伊·塞索伊奇到底把鱼拖上了船，这时候天快亮了。黑琴鸡絮絮叨叨、嘹亮的叽叽呱呱声透过轻雾从四面八方传了过来。

"听着，"塞索伊·塞索伊奇欢快地说，"现在我来划桨，你来打猎。可别错过了。"

他把烧剩下的树枝扔进水里，我俩调换了位置。清晨的微风吹散了薄雾，碧空如洗。好一个美妙、清朗的早晨！

我们的船沿着一块笼罩着绿色轻烟的林中空地前行。桦树白色光滑的躯干和云杉深色粗糙的树干直挺挺地从水里钻了出来。看前方，森林就像是悬在半空中。看近处，两座森林静静地在眼前漂着，漂着，一座树梢朝上，另一座树梢向下。水面一平如镜，魔术般地映照出黑、白色的树干，细枝条摇曳，轻波荡漾，涟漪连绵。

"准备！……"塞索伊·塞索伊奇轻声提醒我。

我们驶近一个长着白桦的谷地——一个小树林。我们这是在淹没于水中的林间空地上行驶。一群乌鸦栖息在光秃秃的树梢上。奇怪的是，这些细枝条在大鸟的重压下竟没有折断。

明亮的天空清晰地映衬出黑琴鸡结实的黑色躯体、细小的脑袋和末端拖着两根弯弯曲曲羽毛的长尾巴。而毛色浅黄的雌黑琴鸡则显得更朴素，更小巧，更轻盈。

黑色和浅黄色的大鸟的影子头朝下，伸长了的身子在下方谷地的水中晃来荡去。我们离它们很近很近了。塞索伊·塞索伊奇悄无声息地划着桨，小船沿谷地行进。我为了不惊动鸟儿，从容不迫地举起双筒猎枪。

黑琴鸡全都伸长脖子，把小脑袋转向我们。它们都挺惊奇：漂过来的是什么？危险吗？

黑琴鸡都是些笨头笨脑的家伙。我们离得很近很近，离最近的那只只有50来步了。可它还在不安地摇头晃脑，寻思着：一有情况，该往哪儿飞？它的两只脚交替着缩上又踏下，踩得身下的细树枝弯了下来。它在惊慌中猛扇了两三下翅膀，免得失去平衡。

可跟它一起的伙伴还是一动不动地待着。它也觉得没事了。

我开了枪。乓的一声，枪声像气团，从水面滚向树林，碰到了树墙又反射回来。

黑琴鸡黑色的躯体扑通一声落入水中，溅起了五颜六色的水柱。鸟群猛烈地拍动翅膀，立即从白桦树上飞走了。

我又开了一枪。匆忙中瞄着一只飞走的黑琴鸡，但是没有打中。

一清早就有了收获，打来这么一只羽毛丰满、美丽的鸟儿，还有什么不满足的呢？

"祝满载而归！"塞索伊·塞索伊奇道起贺来。

我们俩收拾起湿淋淋、耷拉着身子的死琴鸡，不慌不忙地划着船，打道回府。

一群群野鸭在水面上疾飞而过，鹬鸟在叫。还是在岸上，黑琴鸡絮絮叨叨得更加响亮、更加警觉，气呼呼地啾啾叫个不停。森林上空升起一轮红日。

云雀在田野上鸣啭。我们一夜未眠，却毫无睡意。

本报特约记者

放诱饵

熊在我们这一带胡闹。不时听到这农庄里的牛犊被咬死，那农庄的母马送了命。

塞索伊·塞索伊奇在会上发言，说得挺在理：

"别傻等着咱们的牲口遭殃才动手，趁早采取行动。这不，加甫里奇哈家的小牛犊死了。交给我吧，拿它来当诱饵。要是熊已经围着咱们的牲口群转，说明是盯上了，那准保它上钩。它一来，管叫它碰不到牲口群。我已想出对付的招儿了。"

塞索伊·塞索伊奇是我们这儿的一等一的好猎手。

农庄把加甫里奇哈的牛犊给了塞索伊·塞索伊奇，说了句："放手干吧！好让咱们过上安生的日子。"

塞索伊·塞索伊奇把死牛犊放上大车，运到林中，然后把牛犊放在一块干干净净的空地上，牛头朝日出的方向。

塞索伊·塞索伊奇是这一行的好手。他知道，熊是不会碰头朝南和朝西躺着的死尸的，它会疑心那是人家设下的圈套。

死牛的四周用没有去皮的白桦树干搭了一圈低矮的栅栏。离栅栏20步的地方，在两棵平排的树上，离地面约2米高处，做了一个观察点。观察点是枝条搭成的一个小平台，夜间坐在那里守候野兽。

全都准备就绪。这时候还用不着爬上观察点，不妨先回家睡上一觉。

过了一星期——这期间他都睡在家里。早晨，他抽空去了趟林中空地，围着栅栏走了一圈，卷好烟卷，抽了会儿马哈烟，就回家了。

我们的庄员忍不住取笑起他来了。小伙子眨巴着眼睛，说："怎么着，塞索伊·塞索伊奇，待在家里睡热炕是不是更美？不喜欢上林子里守夜了？"

他回答说："缺了小偷，守夜也白搭。"

对方说："小牛犊可就发臭啦。"

他说："那才好哩！"

凭你怎么问他，他还是我行我素，真拿他没办法。

该怎么办，塞索伊·塞索伊奇心中有数。他知道熊已经不是第一次围着牲口群转了。既然眼皮底下躺着一具动物死尸，何必再去扑杀活的牲口？

塞索伊·塞索伊奇知道，熊已经闻到死尸的味儿了，不是吗，猎人敏锐的眼睛已看到围着死牛犊的栅栏四周有不像人踩出来的脚爪印。可那畜生没动过牛犊。看得出来，它有的是吃的，肚子不饿，要拣味道好的来吃呢——等到动物的尸体散发出强烈的臭味来。这头毛茸茸的林中野兽爱的就是这种味儿。

死牛犊在林子里躺了两星期，可塞索伊·塞索伊奇还是睡在家里。

他到底从脚印上看出熊已过了栅栏，从牛身上咬了块好肉吃了。

当天晚上塞索伊·塞索伊奇带上枪爬上了观察点。

夜晚的林子里静悄悄。飞禽走兽全睡了。

说是都在睡觉，但也有不睡的。猫头鹰扇动毛茸茸的翅膀，飞过来，飞过去，悄无声息。它这是在窥探草丛中走动时发出沙沙声的老鼠；刺猬在林子里游荡，寻找青蛙；兔子在啃吃山杨的苦树皮，发出咔嚓咔嚓声；獾在泥土中寻找只有它才看得见的草根。熊呢，它正偷偷地向诱饵摸过去。塞索伊·塞索伊奇已困得睁不开眼皮，夜间这种时候他原本已睡得很沉，这已成了他的习惯。他打了个盹儿。

传来一声咯叽声，他猛地打了个寒战。

是不是他听错了？

不！没有月亮，但北方夏天的夜晚没有月色天还是很明亮的。他清清楚楚看见白桦栅栏上有一头黑色的野兽。

熊已到了美食跟前，"吧嗒吧嗒"享用起来了。

"别急！"塞索伊·塞索伊奇心想，"我还有更好吃的铅丸子来招待你哩。"

想到这里，他端起枪，仔细瞄准熊的左肩胛骨。

出其不意的枪声雷鸣般响彻沉睡中的森林。兔子惊得高高蹦起来，离地半米高；獾吓得嗷嗷叫，急忙往自己洞里钻；刺猬把身子卷成了满是刺的小球球；老鼠忙不迭地向穴里蹿；猫头鹰悄悄躲进了一棵大云杉的暗黑的阴影里。

森林又恢复了宁静。昼伏夜出的动物壮着胆，又操起了各自的营生。

塞索伊·塞索伊奇从观察点上爬下来，走近栅栏。他卷起烟卷，抽了起来。他不慌不忙地回家去，天还未大亮，好歹还能睡一会儿。

全农庄的人都醒了，塞索伊·塞索伊奇对小伙子们说："我说，小子们，套好大车，上林子里运熊肉去吧。熊再也不会来祸害咱们的牲畜了。"

射靶：竞赛三

1. 哪种甲虫用它出现的月份来命名？

2. 螽斯靠什么发声？

3. 沙锥用什么发出咩咩的叫声？

4. 为什么棕红色的鹭——大麻鸦——被称为"水中的公牛"？

5. 蜘蛛有几条腿？

6. 甲虫有几对翅膀？

7. 哪些鸟儿从南方到我们这儿，大部分路程是徒步行走的？

8. 椋鸟孵出雏鸟以后，把碎蛋壳搬到哪里去了？

9. 谁的耳朵长在脚上？

10. 什么鸟儿的叫声像瘦猫叫？

11. 青蛙卵和癞哈蟆的卵有什么不同？

12. 长脚秧鸡的个头有多高？

13. 什么鸟儿的叫声像狗吠？

14. 什么鸣禽最后飞临我们这儿？

15. 丁香开花的时间在春季还是夏季？

16. 树林底下忙碌碌，树林中间打铁忙，森林上空亮堂堂。（谜语）

17. 能帮走路的，能帮行车的，治愈害病的。（谜语）

18. 白如雪，黑如铁，绿如叶，转起来像中了邪，上树就像登台阶。（谜语）

19. 挂着一面网，可不是手编的。（谜语）

20. 长丝细丝掉进草里，自己爬不出来，却放出孩子一帮。（谜语）

21. 求我来，盼我来，我来了又躲起来。（谜语）

22. 不长角，脑门宽又阔，眼睛细又小，碰不得，摸不得，牲

口群里有它就遭殃。（谜语）

　　23. 什么生来就有胡子？

　　24. 一个爱说："跑！"一个爱说："躺！"第三个说："咱们来挠痒痒吧！"（谜语）

公告："火眼金睛"称号竞赛（二）

场景和音乐

良机莫失！

静悄悄的林中，在满是芦苇的湖上，有一场精彩的演出。观众应该在岸上搭一个小窝棚，藏身其中。

在一个晴朗的早晨，朝霞初升的时候，两位盛装打扮的演员从水草丛里游了出来。这是两只奇异的鸟儿，细红嘴巴，蓬松羽毛做的领子直盖住了面颊，在上升的阳光下，闪烁着金属光泽。这是两只潜鸟，也就是鸊鷉。你得老老实实坐着，看它们有什么样的演出。

你看，它俩肩并着肩，并排出场了，活像是队列中的两名士兵。猛地，像是听到了"齐鞠躬"的命令，各自分了开来。

一个猛转身，面对面，鞠起了躬，它俩仿佛跳起了舞。

接着，它们各自伸长脖子，仰起脑袋，张开嘴，好像是在发表庄严的演说。突然头一低，眨眼间，扑通一声钻进了水中，却连一个水泡也没有！过了约莫一分钟，一只接一只先后蹿出水面。它俩在水上，就像在地上一样，直直地挺立起整个身子，彼此给对方嘴里送去水底下掏来的一片绿藻，就像在交换两条绿手绢。

看到这么精彩的表演，你禁不住会给它们鼓起掌来，却不料鸟儿不见了，都消失在芦苇丛中！

如何辨别

图1：如何根据在水面上的姿势辨别潜鸭和野鸭？

图2和图3是我国的两种兔子：灰兔和雪兔。冬季，两种兔子很容易辨别：一种是灰的或棕红色的，另一种是白的。可是到了夏天，它们的颜色变成相近的了，那该如何辨别？

图4、图5、图6是三种小兽。如何把它们区分开来？它们分别叫什么？

图1

图2   图3

图4   图5   图6

图7~图10有三种蛇和一种没有脚的蜥蜴。哪一幅图画的是蜥蜴？其中哪些蛇是有毒的，用什么咬人？哪些蛇是无毒的？

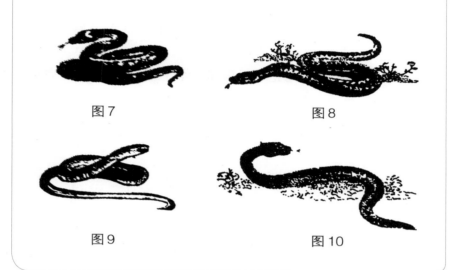

图7

图8

图9

图10

哥伦布俱乐部：第三月

上路 / 熊角 / 布谷鸟行动的由来 / 朱雀的窝 / 试验开始

幸福的一天到了。哥伦布俱乐部全体成员济济一堂，在安德和雷的带领下，进了车厢。大家放下塞得满满的背囊，而科尔克和沃夫克的手中还拿着枪，这便是他俩随身所带的全部家当了。

火车驶了整整一夜，清早，俱乐部的成员洗完脸，便开始唱起俱乐部诙谐的会歌：

> 车子载着我们跑呀跑，
> 跑向遥远的边疆——

这时候车子正好进了赫沃伊纳亚站，少年哥伦布们下了车。

查了查地图，又问了问当地的居民，才弄清去雷索沃的路线，接着大家欢天喜地继续赶路。

路很远，足有25千米。开头的15千米大家唱着歌很快就过去了。早晨空气清新，道路穿过针叶林。有两个地方的树木变得疏疏朗朗，行人便从原木铺成的路上走，又经过了一个个早已成草地的死湖——当地人称为"维里伊"。一路上只有一次遇到一帮女庄员，她们肩上扛着棍子。正是过节的前夕——女人赤着脚，卷起花花绿绿的裙子，用木棍挑着鞋子上车站去。

后来是一片田野，一条小小的溪流，溪上有座村庄。他们第一次停下来小憩，喝了浓稠得像奶酪一样的牛奶。此后的路越发难走，开阔的田野里正午的阳光直晒，非常热，但谁也没抱怨叫苦。

到了第二个村子，一条长达1千米的路穿过村子，他们又停下来第二次小憩，因为小胖子帕甫坐在水井边的一张长凳上，硬是不起来。井台上有块牌子，上面写着：

严禁
饮马

"我……可不是马！"小胖子不满地说，"我……可没有义务一走就是100俄里（1俄里等于1.066 8千米）。我不从这口井里喝个饱决不走……再说……我得喘口气。"

"听我说，伊凡奴什卡（指头脑简单、傻呵呵的人）老弟，"科尔克挖苦道，"像你这么个胖子，喝了这井水即使不变成山羊，也得变成其他的动物。"

可心地善良的他放下吊杆，从井里给帕甫打了些水。小胖子喝饱了水，坐了一会儿，又跟着少年哥伦布们动身上路了。

过了村子，接着又是一片林子，但已不是松林，而是像车站那边的郁郁葱葱的混合林，古老的白云杉与银灰色的山杨和通体白色而挺拔的桦树长在一起。原本欢快的交谈声自动停了下来。这里是通向"神秘乡"的必经之路。塔里·金在这里迎接了他们。这群筋疲力尽的行路人很快就到了雷索沃村，在塔里·金租下的两间空木屋里安顿了下来——一间给女孩子住，另一间归男孩子住。

首先让少年哥伦布们惊奇的是，这里竟这等宁静，完全出乎这些城里人的意料，觉得有些不习惯。既听不到来来往往有轨电车发出的金属嘎嘎声，也没有人群的喧哗声，天上没有飞机的轰鸣，甚至连远处电力机车的汽笛声也听不到。少年自然界研究者不禁觉得，他们真的来到了一个不可知的、从未经人发现的、远离故乡十万八千里的地方。

公鸡的啼叫，母牛的哞哞声丝毫打不破这里生机勃勃的宁静。

"真是个名副其实的'熊角'。"安德说，"顺便告诉你们，在密林里，靠近这儿的道上，我发现了一些——可不能当着小姑娘的面说！——发现了一堆堆被熊掏出来的蚂蚁。"

女孩子齐声说，她们没一个害怕熊。

"这就对了，"塔里·金说，"我打算很快就让你们见识见识那掏蚂蚁窝的熊，我相信到时候你们是不会觉得它有多可怕的。"

"当然啰，"沃夫克在女孩子面前从不错过机会显示自己是多么见多识广，他说，"这些捣毁蚂蚁窝和糟蹋燕麦地的熊完全是种小野兽。"

塔里·金看了他一眼，想说什么，可转而一想改变了主意。

第二天早晨，塔里·金按小组领着少年哥伦布们到"神秘乡"的四周转了一圈，花了大半天时间熟悉这块地方。眼前的所见所闻使大家惊叹不已：欢快流淌的小溪、一小片名副其实的原始密林、宁静的湖及湖上林木丛生的岛屿、田野及上面已整整齐齐长出的密密的秋播黑麦、壮丽挺拔的松林和在枝条间跳来蹿去的棕色松鼠。

拉甫若有所思地说：看到这些笔直匀称的树干，令人想到里斯和祖尔巴干这样一些神奇的海港，那些地方聚着世界各地众多的帆船，它们的桅杆就像森林。说到这里，他立即赋起诗来，他管这些诗句叫节奏文，因为它们都不讲究押韵：

> 桅杆的森林和针叶林，
> 绿色的帆，
> 横桁上，
> 我看见棕红色水手的尾巴。

"那我就把你说的棕红色的水手，"哺乳动物专家拉笑吟吟地说，"录入'神秘乡'土著清单中，要知道，这些是咱们在这里看见的第一批哺乳动物。"

"可不是，你们研究的'居民'并不是很多，"米插言道，"可我们是研究鸟类的，一个早晨就记下了37种当地飞禽。棒不棒？"

"这算什么？以后我们还有更多的。我们的土著见了我们都躲起来了。我们的土著想来还是不少的，不过，当然不会比你们的多。"

说话间，女孩子们听到模仿黄鹂的叫声，立即向塔里·金奔过去，这时他正站在大灌木丛后，挥动一只手招呼他们过去。

"我答应过你们，让你们见识见识掏蚂蚁窝的熊。"他神秘地低声说道，"瞧！"

米和拉一听吓得差点儿没嚷出来。只见一棵松树下，一个蚂蚁窝前立着一只毛茸茸的野兽。他双腿直立。女孩子一看就明白过来了，那哪是野兽，分明是位高大的老人，他上身的羊皮短袄反穿着，显得毛蓬蓬的。他挺身直立，扔掉手中的一根树枝，从身上掸掉蚂蚁，又从地上捡起一个装了什么东西的袋子，搭在肩后。然后他转过身，满是胡子的脸对着女孩子们，看起来像林中的人形妖怪，慢慢地进了密林深处。

"他是九十岁高龄的勃列多夫老爷爷。"塔里·金解释说，"这里的人管他叫勃列德爷爷。过去他做守林员，如今耳朵全聋了，两条腿也不好使唤，于是自己就想出了活儿。他成天在林子里转悠，养起了野蜂，也就是说找野蜂——这可是诺夫戈罗德人古老的营生——还收集蚂蚁卵呢。乡下的孩子管这些叫'馅儿饼'。"

"那叫蚂蚁怎么办？"好心肠的拉听了好不伤心。

"雌蚂蚁会生出新的卵来，工蚁很快就会修好毁坏了的城堡。夏天里，勃列德爷爷不会再去毁同一个窝。"

傍晚，累坏了的少年哥伦布们在"草莓丘"上集合。他们管一个满是树木的山丘叫"草莓丘"，因为丘上遍开着茂盛的白色花朵。

飞来了一只布谷鸟，落在他们头顶一株高高的山杨枝头。

"咕——咕！咕——咕！咕——咕，咕——咕！"鸟儿叫了一声又一声，像是准备给全体少年哥伦布们叫上100年。

"看来，"塔里·金笑着说，"这家伙非要把自己的想法塞进我们大家的脑袋里不可了。雄鸟咕咕叫的时候，雌鸟悄悄地飞到别人家的窝前，掏出一只蛋，把自己的蛋放到别人家蛋放过的地方。大多数情况下，窝的主人不会把布谷鸟的蛋抛出去，反而当作自己下的蛋孵了起来。以后还要给贪吃的小布谷鸟喂食哩。这主意妙极了！一些鸟儿居然喂大另一类鸟儿的雏鸟！人类还没有用这一办法来满足自己经济上的需要。要是让母鸡孵出家鸭，鹅孵出火鸡来，那多好。要是在野禽窝里放上由于某种原因而需要繁育的家禽蛋，让它们孵出来，那多好！布谷鸟的这一主意为我们开辟了极大的机会。我们管这主意叫'布谷鸟行动'。"

"首先，"雷这个人对别人的主意一向都很支持，她说，"这样就可以挽救一些没了父母，而还没有出生的小鸟。"

"其次呢，"一向文静而爱动脑子的安德表示支持，"可以从国外购买一箱箱加利福尼亚山鸡蛋和极乐鸟蛋，装上喷气式飞机运来，然后让咱们的山鸡和松鸡把它们孵出来。"

"走吧，"性急的科尔克霍地站起身来，口气坚决地说。

"哪儿去？"少年哥伦布们问。

"按布谷鸟的主意办去！大规模地实施'布谷鸟行动'！"

"你呀你……真够性急的了！"帕甫先是膝盖着地，然后站起了身，懒洋洋地说。

"首先要做的是，"这时安德边走边说，"要搞清楚，是不是任何的蛋，只要大小差不多就可以从一个窝移到别的窝去？到了新的地方人家是不是还接纳……然后……"

不过这时候少年哥伦布们已四散开来，但形成一条链子，彼此保持50步的距离，在道路与河岸间仔细地搜索起灌木丛来，边走边低声发出山雀的叫声。

"奇——维！奇——维！奇——维！奇——维！"但大家还是保持着联系。

只要从草丛或灌木丛里飞出鸟儿，少年哥伦布们就停住脚步，打量起来——看它那里有没有窝。

突然塔里·金发出断断续续的鹌鹑叫声："特伏基！特伏基！特伏基！"他向人链的左右发出这样的信号，意思是"停"。少年哥伦布们便跟着站住，仔细听起来。

"甫——里乌！"塔里·金学黄鹂呼唤起来。

"甫——里乌！甫——里乌！甫——里乌！"声音传遍了人链，少年哥伦布们无声无息地走过来，一分钟后，聚到了塔里·金跟前。

"这儿有个朱雀窝。"塔里·金用小棍子指了指前方的稠李丛，低声说，"你们一个个跟过来，每人对它说几句亲切的话。"

"干吗？"少年哥伦布们感到很怪，低声问。

"兴许我错了吧，"塔里·金轻声说，"可我觉得，鸟儿对人的声音不会不当回事的。粗鲁、狠毒的高声尖叫让它们感到害怕。自然啰，它们怕的不是话中的意思，怕的是说话的声调。友好、低声悦耳的声调，就像平稳的动作让它们放心，人家怎么对待它，鸟儿心中有数着呢。你爱抚它，动物都能感觉得到。声音对它们尤其能起作用，因为鸟儿，特别是鸣禽，异常敏感，最爱听悦耳的声音。"

于是，少年哥伦布们一个个跟着走到灌木丛前，用手轻轻地拨开树枝，对这个待在干草窝里、相貌平平的褐色小鸟说几句亲切的话。

"我已经教会它了，"塔里·金说，"每天我都去它跟前，与它说说话。如今它不怎么怕人了。"

可小朱雀偏偏耐不住性，离开了窝，飞到树枝上，丢下5只淡蓝色、胖胖的头上带有黑斑点的蛋。但鸟儿没有飞走，待着不动，发出惊恐不安的金丝雀般柔和而惶恐的声音，似乎在问："切——伊（声近俄语'谁的'）？切——伊？切——伊？"

"自己人！自己人！我们不会碰你的！"雷笑着回答，"你的蛋可好看了。"

这一天，少年哥伦布们还先后4次打扰了朱雀。第一个是雷，她从干草搭成的窝里取出一只淡蓝色的蛋，放进白色带红斑的春季歌手柳莺的蛋。她就当着朱雀的面调换！

安德找到了一个黑头莺的窝，取出第二只淡蓝色的蛋，放进了一只肉色带棕褐色斑点的莺蛋。女画家西拿来了一只灰鹟淡灰的蛋。

就连性急的大个子科尔克也像捧着草上的小露珠，小心翼翼地拿来了一只草地石雕的绿色的蛋，再小心地放进了朱雀窝内。少年哥伦布们在取出鸟蛋的过程中，没磕破或压坏一只朱雀蛋。

塔里·金看到少年哥伦布们这样忙乎，感到很高兴。如今他跟前的这些小家伙，与他自己过去读小学时的那班学生对待鸟儿的态度真是千差万别！

那时候的小姑娘对鸟窝丝毫不感兴趣，男孩子呢……唉，要是不感兴趣倒是谢天谢地了！男孩子们心肠就是硬，成百成千的鸟窝坏在他们手里，满不在乎，还美其名曰"收藏鸟蛋"哩。有人爱集邮票，也有人喜欢收藏鸟蛋。邮票收集起来会好好保存，可蕴藏在易碎的蛋壳里的小生命却毁了。收藏家居然把蕴藏着生命的蛋黄和蛋白扔掉，保存下空壳，过了一两年，兴头过去了，就往垃圾桶里一扔。你看，少年哥伦布们这可爱的一代最终取代了一代代无数生命的无情摧残者。他们生来就热爱生命，维护生命，揭示生命中越来越新的奥秘，而过去的男孩子们对这一切却漠然置之。

到了第二天，少年哥伦布们发现，这只朱雀看起来是个很称职的母亲，它把所有非自己亲生的形形色色的蛋都接纳下来，并耐心地孵起来。

"布谷鸟行动"吸引了全体哥伦布俱乐部的成员，不论是什么专业的人，都参加进来。大家都去找鸟窝，把找到的蛋移过来孵化。有的蛋用黑墨水写上标记，放在别的窝里。俱乐部准备了好几本厚厚的笔记本，里面有条不紊地记下：是谁、什么时候、从什么地方取来的，移到哪里——最后产生什么结果。

很快结果出来了：有的鸟儿——那些慈爱心重的、充满自我牺牲精神的母亲，让它们去孵化别人的蛋完全靠得住。反之，另一些鸟儿，说什么也不愿接纳别人的蛋。譬如说，有那么一只灰色的鹟，连续三次把放在一棵老松树的浅树洞窝里的蛋推了出去。到了第四天，虽然窝里还有4只自己下的蛋，可它竟离弃自己的窝走了。伯劳鸟是鸣禽中的一种小猛禽，笑纳下别人的蛋……然后毫不客气地把别家的蛋吞下了肚。

少年哥伦布们不单忙于"布谷鸟行动"，还忘不了自己的专业，个个都编好了"神秘乡"种种"土著"的名录。其中，数鸟类学家的进展最快。树木学家名录编制的进度也不慢，已记下了不少当地特有的树木，只是帕甫越来越胖，越来越没精打采，想着法子尽量少到林子里去，即使去了待的时间也尽量短。不过她跑遍了"神秘乡"的角角落落，研究遍大大小小的林子，有一次，甚至意外地穿着衣服在河里洗了回澡——在想方设法折柳树枝的时候，她对柳树情有独钟。

名录编得最慢的是哺乳动物学组。一般来说，当地有多种多样的四条腿动物，可地面见到的不多，要见到它们也不是件容易的事，它们可不是一动不动的树木。

每天晚上，少年哥伦布们不是玩排球，就是写信。吃了晚饭，直到临睡前，要是天气好，大家聚在一起，女孩子待在阳台上——她们的房子顶楼有个小阳台，男孩子则在底下的土台上。有的忙着自己的事，有的相互开着玩笑——上上下下互相说说笑笑。

拉甫的一首诗里就写了其中一个晚上的情景：

太阳已落入树林之后，
月亮抽起了烟斗，
山丘间的小谷地上，
兔儿煮起了啤酒。
蚊子密密麻麻，
来日将是个暖和天。
西在木屋后描绘紫色的阴影，
科尔克敲打起碗盏，
夜间好戏从此开场，

树木酣然入睡，
　夜猫子放开了歌喉。

　　拉甫聚精会神地听着庄员们的交谈，把他们说的话全记下来。诗中"月亮抽起了烟斗"说的是乌云盖住了月亮，"兔儿煮起了啤酒"指的是谷地上的夜雾，从前诺夫戈罗德人在这谷地上自己煮啤酒，把烧烫的石子放到装着农村自酿啤酒的几口大锅里，篝火里冒出的烟在湿漉漉的草地上空弥漫。拉甫在什么地方读到过，说诺夫戈罗德的方言是俄罗斯最古老的方言。大家熟悉的、爱黄昏出来活动的、叫"夜莺"的鸟，这里称为"夜猫子"。

（待续）

附录　答案

附录1　射靶答案：检查你的答案是否中靶

竞赛一

1. 从 3 月 21 日开始。

2. 肮脏的雪。因为它比较暖，深色能更多地吸收阳光。（夏天戴黑帽子最热。）

3. 春天皮毛丰厚的兽类正在换毛，失去了稠密而暖和的绒毛，这样的皮毛价值就不高。此外，春天野兽还要养育幼崽。

4. 飞虫。蝙蝠在它们所要捕食的昆虫飞出以后才出现。

5. 款冬、獐耳细辛、雪花莲。

6. 白色山鹑：冬季是白色的，夏季毛色是带花斑的。

7. 在雪融化之前、换成灰色的时候，或当大地在雪兔换毛前、树叶落尽时。

8. 不能。

9. 右边的松树生长在密林中，左边的松树生长在旷野里。生长在稠密而光线暗淡的森林里的树木迅速向高处和有光的方向长，而且失去下层的叶子。长在开阔地的树木保留下层的枝叶，而且枝叶向四面伸展得很开。

10. 鼩鼱幼崽：它的体长一共才 3.5 厘米（无尾）。

11. 鹪鹩和戴菊：它们身长几乎相同，比斑蜻蜓小。

12. 图 1 是吃昆虫的鸟喙；图 2 是吃谷物和浆果的鸟喙；图 3 是吃小兽和鸟类的喙。吃植物种子和浆果的鸟喙厚实而坚硬，以便啄开果核；吃昆虫的鸟喙薄而弱；吃小兽和鸟类的喙呈钩形，以便撕咬肉块。

13. 交嘴鸟。

14. 因为冬天的积雪离地厚达 1 米，兔子看到的树木就是地面上的树，所以兔子才会啃这么高的树木；因为树木根部被积雪覆盖，所以兔子不可能从下面啃到树皮。

15. 3月21日春分日和9月21日秋分日。

16. 冰锥。

17. 春季来自太阳的温暖。

18. 雪。

19. 马儿是河水，车辙是岸。

20. 大地：冬季大地盖着白雪，春季鲜花开满大地。

21. 雪。

22. 今天。

23. 鹿。

竞赛二

1. 虾。

2. 羊肚菌和鹿花菌。

3. 拖拉机的犁从土里挖出许多蚯蚓、甲虫的幼虫和别的昆虫，白嘴鸦可以捡起来吃。

4. 乌鸦的窝是扁平的，呈盘状；喜鹊的窝是圆的，有盖。

5. 不织网捕猎物的蜘蛛。

6. 家燕。

7. 在小树林、花园和树洞里。

8. 椋鸟和寒鸦在牛马的皮毛里啄食牛虻的幼虫和苍蝇在伤口处产下的卵。

9. 我们这儿的家鹅和家鸭的祖先是候鸟。春季在野生鹅、鸭飞经的时候，家养的鹅和鸭就会思乡，它们也向往着飞向那里。

10. 春季突然泛滥的河水，会淹没在地面筑巢的鸟儿的蛋和幼鸟。

11. 所有鱼都禁猎。

12. 爬行动物，因为它们是冷血动物，在寒冷中它们就僵滞不动了。鸟类只要吃饱了就不怕冷。

13. 前端。

14. 长着图1中翅膀的鸟儿生活在旷野里；长着图2中翅膀的鸟儿生活在密林中。生活在巨大开阔空间的鸟类翅膀狭窄、长而尖。不难猜测，生活在森林和密林中的鸟类翅膀不可能是长的，否则，鸟翅会被树枝和树干钩住。生活在密林中的鸟翅宽、短而圆。图中的翅膀是海鸥和喜鹊的。

15. 雨燕和家燕。

16. 蜂箱、蜜蜂。

17. 甲虫。

18. 蚊子。

19. 下雨，土地吸水，草儿生长。

20. 鱼。

21. 大地。

22. 铃兰的花蕾和花儿。

23. 云。

24. 四个爱跑是腿，两个好斗是角，一条鞭子乱抽是牛尾巴。

竞赛三

1. 五月金龟子。

2. 翅膀。

3. 尾巴。

4. 因为叫声像公牛的哞叫。

5. 八条。

6. 甲虫有两对翅膀。外层的一对硬而厚，更多的是用于保护里翼，里翼用于飞行。

7. 长脚秧鸡、斑胸田鸡。

8. 椋鸟用嘴从窝里把小鸟儿啄破的蛋壳叼走，扔到离窝很远的地方。

9. 螽斯：它的听觉器官不在头部，而在前面一对腿的小腿上。

10. 黄莺。

11. 青蛙卵结成凝胶状的大团自由地漂浮在水中，癞蛤蟆的每一颗卵处在凝胶状的带状物上，这些带状物附着在水下的草上。

12. 比椋鸟稍大，比鸽子略小（约29厘米）。

13. 白山鹑的雄鸟：春天在求偶时，它发出像狗叫的声音。

14. 羽毛色彩鲜艳的鸟：它们飞来我们这儿时，树木披上了亮丽的新叶。

15. 春季：从丁香花凋谢的时候起，就算作进入夏季了。

16. 在蚁穴中蚂蚁的生活过得热火朝天。啄木鸟啄树仿佛铁匠打铁。夜间森林上空闪烁的星星，犹如点点烛光。

17. 白桦树：行人砍下枝条当拐杖，坐车的用树枝条当马鞭，病人喝桦树汁治病。

18. 喜鹊。

19. 蜘蛛网。

20. 下雨：溪水由雨水汇聚而来，从草丛里流出。

21. 雨。

22. 狼。

23. 山羊。

24. 河水、河岸、岸边的灌木丛。

附录2 公告："火眼金睛"称号竞赛答案

"火眼金睛"称号竞赛（一）

图1. 天鹅。在飞行中它笔直向前伸出自己长而柔软的脖子，因此看起来似乎翅膀在后面，而短短的双腿收拢了，所以看不出。

图2. 雁。它在飞行中像天鹅，但它的脖子要短得多，它整个身体都比较小，是灰色的。

图3. 鹤。它在飞行中无论脖子还是双腿都像杆子一样保持笔直。

图4. 苍鹭。很容易把它和鹤区别开来，因为它在飞行中弯着脖子，而且翅膀也弓得厉害。

这是什么树的阔叶？这又是什么树的针叶？

1. 白桦；2. 赤杨；3. 椴树；4. 山杨；5. 白杨；6. 桲树；7. 柳树；8. 枫树；9. 橡树；10. 榛树；11. 松树的针叶。

"火眼金睛"称号竞赛（二）

图1. 右侧是浅水野鸭。浮在水面上时，它身体的后部稍稍高出水面。觅食时它只把身体前部向下翻入水中，就如家鸭一般。

左侧是潜鸭。它浮在水面上时身体后半部分垂向水面，成小弓形。潜水时，整个身体沉入水中。

图2. 灰兔。夏季很容易将它和雪兔区别开来，因为它整个身体比较大，毛色呈棕红或淡黄，耳朵长长的：如果把耳朵向前撤，则耳尖超过鼻尖。腿短，尾巴比雪兔的长，身上有长长的黑色斑点。

图3. 雪兔。它的耳朵比较短：如果将耳朵向前弯，则碰不到鼻尖。爪子很宽，尾巴呈圆形，基部附近有黑色小斑点。身体呈灰色。

图4. 鼩鼱。捕食昆虫，是很有益处的小兽。

图5. 老鼠。有害的啮齿动物。

图6. 田鼠。也是有害的啮齿动物。

这三种鼠形小兽根据下列特征彼此很容易区别：鼩鼱的嘴脸长，鼻子向前突出，而且身体弓起，眼睛隐在皮毛中几乎看不见。老鼠和田鼠的脸没有长鼻子，老鼠尾巴长，田鼠尾巴短。

图7. 无毒的游蛇。

图8. 有毒的灰色蝰蛇。

温和而有益的无毒的游蛇在头的两侧看得见黄色的斑点。在非常危险而有毒的蝰蛇的灰色背脊上看得到明显的标记：曲折的黑色花纹。

图9. 非常有益的无脚蜥蜴、慢缺肢蜥或缺肢蜥。

图10. 黑蝰蛇。

别把黑蝰蛇和游蛇混淆起来：它头上没有黄色斑点。慢缺肢蜥可以像游蛇一样拿在手上：它没有毒牙，丝毫不会对你怎么样，但是如果抓它的尾巴，它就像普通蜥蜴那样把尾巴留在你手上。如果你抓蝰蛇的尾巴，它会猛然回头把毒牙扎进你的皮肉，被它咬伤后你会中毒甚至死亡。所以要好生学会区别蝰蛇（它们往往有各种颜色：从浅灰色到完全黑色）和游蛇及缺肢蜥。蛇不会像蜜蜂和黄蜂那样蜇人：把蛇分叉的舌头当作蜂一样的毒针是不对的。毒蛇的毒液在牙齿里。

附录3 基塔·维里坎诺夫讲的故事答案

我的十次观察经历

我的头两次观察是完全正确的。长着全黑色翅膀的白色大海鸥从大西洋、波罗的海飞来我国的涅瓦河上，这并不罕见。它们被称为棕鸥。如果您叫得出它们的名称，您应该得2分。

春季，海上的潜鸭常在列宁格勒上空飞过。其中许多在潜入水下后就用双翅划水，如同人用双臂划水一样。如果您知道这一点，您也该得2分。

现在就要说说黑天鹅了，很抱歉，这是错的。我们这儿没有黑天鹅。它们生活在澳大利亚，而且从不飞来我们这儿。不过它们并不是我随便臆想出来的。是我们的猎人经常说他们见到过黑天鹅，可就是从不将它们打死。这件事好解释，因为当你对着太阳看它时，就会觉得它是黑色的。我们列宁格勒郊外常有黄嘴天鹅和个头比它略小的小天鹅栖息。但这两种天鹅都是白色的。往往有这种情况：一只海鸥向你飞来了，看，整个儿是黑的！乓，向它开了一枪！你捡起一看，它就是普通的海鸥，身体是白的，只有翅膀尖儿是黑的。所以，如果你说黑天鹅只产在澳大利亚，那么就该给你记1分。

假如您根本没有发现哪儿有错，就什么也不要做。但如果您能解释为什么天鹅会使人觉得是黑色的，那您就给自己记上1分。

有那么一种古老的传说，在飞越重洋的疲惫而漫长的迁徙路上，强壮的大鸟会让小鸟停到自己背上歇息，并且载着它们飞到我们这里。这当然只是传说，从来没有这样的事。只有在赛尔玛·拉格洛夫的著名童话里的小尼尔斯，或者俄罗斯童话里的伊凡努什卡才骑鹅飞行。一个少年自然界研究者如果听信这样的无稽之谈，是不光彩的。鸟类没有这类客运交通，这条也占2分。

椴树开花不在春季，而在仲夏。如果您记起这一点，也可以给自己记2分。

没有黑花，这是错的。指出这点，得2分。绵羊在春季确实用尾巴唱歌！

现在要说的是天上的绵羊——在我们乡下，人们这样称呼长脚田鹬。春季里，它们飞上天空，在头朝下俯冲时，尾巴和翅膀发出颤动的声音。听起来像羊在咩咩叫。这是田鹬在春季求偶时的游戏。谁猜出了天上的绵羊指的是什么，他就该记2分。

难道有那样一些鸟儿，它们在夏天将临之际，要像雪兔一样把雪白的冬装换掉，却不换上灰色的，而要换上在夏天显得那么显眼的色彩斑斓的毛色？是的，我们这儿的确有这么一种鸟儿：白山鹑。冬季它白得跟雪一样，夏季却是花的，这有利于它隐藏在森林里，生活在长苔藓的沼泽地上。谁知道这一点，就得2分。

蝙蝠中午不飞行——错！答对得2分。

确实有那样一些早春时节生长的菌菇，可食用，而且味道鲜美！它们叫羊肚菌或鹿花菌。您如果知道，就得2分。

积累与运用

相关名言链接

人只有按照自然所启示的经验来生活。

——叔本华

大自然从来不欺骗我们，欺骗我们的永远是我们自己。

——卢梭

一切顺乎自然的东西都是美好的。

——西塞罗

细节在于观察，成功在于积累。

——爱默生

一切推理都必须从观察与实验中得来。

——伽利略

思考才使我们阅读的东西成为我们自己的。

——洛克

思考可以构成一座桥，让我们通向新知识。

——普朗克

写作加油站

在本书中，维·比安基用生动的语言描述了很多动植物。让我们跟着他的思路，一起走进写作加油站，学习一下吧！

◎**对某种甲虫的描写：**

我发现了一种甲虫，但不知道它叫什么，吃什么。

这种甲虫跟瓢虫一模一样，只是瓢虫浑身红色，点缀着黑色小圆点，而这种甲虫通体黑色。它的身子圆滚滚的，比豌豆大一点儿，长着六只小爪子，会飞，背上有两片黑色小硬翅，硬翅下是两片黄色软翅。它翘起黑色硬翅，伸出黄色软翅，就飞起来了。

写作启示：

作者在对这种甲虫进行描写时，并不知道它叫什么名字，就用瓢虫和它进行了对比，然后描述它的身体特征。"身子圆滚滚的，比豌豆大一点儿，长着六只小爪子，会飞，背上有两片黑色小硬翅，硬翅下是两片黄色软翅。"作者先描述了它的身体是什么样子，然后具体到身体的某个部位，将它的样子完整地展现了出来。我们经常会遇到之前没见过，也不知道叫什么名字的动物。在对它们进行描写时，我们就可以用常见的动物和其对比，然后采用先整体后局部的方法，对其进行详细的描写。

◎**对云杉的描写：**

这个王国阴森森的。老云杉战士个个笔直挺立着，板着脸，一声不吭。它们的身板从头到脚光溜溜的，只有某些地方翘出些枝条，弯弯曲曲，不过，这些枝条都是枯死了的。

写作启示：

通常情况下，我们在对植物进行描写时，都会按顺序写出它的样子，然后说明每个部分都有什么样的作用。其实，描写植物的方法不止这一种。作者在描写云杉时，写云杉板着脸，一声不吭，运用拟人的手法将云杉高傲的形象活灵活现地展现在我们眼前。我们在描写一种植物时，可以使用拟人或者比喻的手法，让植物的形象更为生动。此外，还可以描写植物的动态美和静态美，多角度展示植物的形态。

⋮ 动物档案

◎动物一
名字：鼹鼠

习性：白天住在穴中，夜晚捕食。

形象：机智

相关故事情节再现：鼹鼠在被水淹没的草地下憋得慌，就爬上了一个冰块透气，等到冰块被干燥的小土丘挂住，鼹鼠便见机跳下了冰块，在小丘上挖洞钻进地下。

◎动物二
名字：毛脚燕

习性：成群活动，身体敏捷。

形象：敏锐　镇静

相关故事情节再现：毛脚燕正在小木屋房檐下筑巢，突然发现猫正在盯着它，于是立马飞走了。过了一段时间，毛脚燕又飞回来了，尽管猫依旧在盯着它，它还是继续筑巢。

◎动物三
名字：长脚秧鸡

习性：善于藏匿，经常鸣叫。

形象：坚毅

相关故事情节再现：长脚秧鸡不善飞行，飞行速度也不快，但是它跑起来速度很快。于是它凭着两条腿悄悄走过草地和树丛，从非洲徒步来到列宁格勒。

◎动物四
名字：鹤

习性：善飞翔，喜群居。

形象：美丽　优雅

相关故事情节再现：鹤在沼泽里开舞会，围成一个圆圈。一只或者一双来到场地中央，翩翩起舞，转圈圈，蹦蹦跳，打矮步。

读后感例文

《森林报·春》读后感

高 枫

今天我读完了这本有趣的自然之书——《森林报·春》。

这本书以报纸的形式，用拟人的手法向我们讲述了春天森林里各种各样有趣的动植物的故事。

原来，森林里也有英雄和强盗、朋友和对手，也有悲欢离合的故事。在《森林报·春》中，我紧跟作者的目光和脚步，去探索大自然的无穷奥秘，和勤劳的小动物们一起回味春的多姿多彩；和大自然里的小主人们一起欢乐，一起悲伤。

虽然我们也有报纸，却不如《森林报·春》那样精彩。因为报纸上登的都是有关人的事情，而《森林报·春》却让我们深深地感受到大自然的神奇。比如鹤举办的热闹舞会；小猫咪在屋顶上举行动听的音乐会；白桦树在偷偷地哭泣；可爱的兔宝宝在灌木丛中乖乖地躺着；长腿秧鸡徒步走过欧洲；白嘴鸦团结在一起与鹰决斗；白桦、山杨和云杉之间惊心动魄的争斗；兔妈妈们把所有的兔宝宝都当作自己的孩子喂奶……还有很多我们之前从未听到也从未看到过的事情。

维·比安基的《森林报·春》使我认识到每种生物都是人类的好朋友，每种生物都有自己的角色，我们没有权力去剥夺动物们的自由。除此之外，我还明白，只有像作者那样，细心观察大自然，用心倾听大自然的旋律，我们才能发现大自然的美，才能更好地认识大自然，与大自然和谐相处。

阅读思考记录表——科普类

评价你阅读的书籍，锻炼表达、归纳、总结、理解能力

书名	作者	阅读日期

印象深刻的知识点	认识了哪些动植物
简单介绍这一知识点	
	这些动植物有什么样的特点

最喜欢的动物	最喜欢的动物在几月苏醒	最喜欢的动物发生了怎样的故事	最喜欢的动物身上有哪些值得学习的品质

给这本书写一段推荐语

读完这本书，你最大的感触或收获是什么

中小学生阅读指导丛书

中小学生阅读指导丛书

彩插励志版